정부희 박사의 곤충 에세이
곤충들의 수다

곤충들의 수다

2015년 7월 10일 초판 1쇄 인쇄
2015년 7월 20일 초판 1쇄 발행

지은이 | 정부희
펴낸이 | 황성혜

펴낸곳 | 상상의숲
등록 | 2007년 9월 5일 제313-2007-000179호
주소 | (우) 110-766 서울시 종로구 사직로8길 4, 202동 1215호
전화 | (02) 332-3515 전송 | (02) 332-3763
e-mail | ss_wood@hanmail.net

ISBN | 979-11-85756-01-1   03490

- 본문 시
  복효근 〈자벌레〉 211쪽 | 안도현 〈애기똥풀〉 116쪽
- 본문 사진
  박해철 24쪽, 248쪽, 267쪽 | 박경현 72쪽, 166쪽, 231쪽 | 서윤애 105쪽, 107쪽
  시몽포토 150쪽 | 국립중앙박물관 241쪽 | 국립생물자원관 153쪽, 155쪽, 157쪽

- 잘못 만들어진 책은 바꾸어 드립니다.
- 값은 뒤표지에 있습니다.
- 출판시도서목록(CIP)은 272쪽에 있습니다.

정부희 박사의
곤충 에세이

곤충들의 수다

• 정부희 지음

🐛 저자 서문

밤새워 들려주는 곤충들의 천일야화

　며칠 동안 날이 궂더니 해가 반짝 났습니다. 홀연히 새벽길을 달려 도착한 곳은 대관령 옛길. 안개구름에 싸인 구불구불한 산길이 신비롭다 못해 몽환적입니다. 약 450여 년 전에 신사임당이 아들 율곡 선생의 손을 잡고 걸었을 이 길을, 오늘 나는 아리따운 내 인생의 동반자인 곤충들과 일일이 눈인사하며 걷습니다. 곤충 삼매경에 빠져 있는데, 산속의 정적을 깨며 전화벨이 울립니다. 나의 정신적 큰 스승이자, '문화계의 대통령'이란 별명이 더 잘 어울리시는 김종규 국민문화유산신탁 이사장님의 목소리가 전화선을 타고 흘러나옵니다.

　"지구에 사는 곤충이 100만 종이나 된다며? 벌레 박사는 참 좋겠어. 어마어마하게 많은 곤충들에게 투표권을 죄다 주면 벌레박사가 대통령이 되는 건 따 놓은 당상인데 말이야." 하시며 유쾌하게 웃으십니다.

　그렇습니다. 현재까지 알려진 동물종만 따져보면 약 150만 종 이상인데, 그 중 곤충이 약 100만 종이나 차지하니 수로만 보면 가히 곤충을 '지구의 주인'이라 불러도 틀린 말은 아닙니다. 종수도 많지만 개체수도 많아 사람

한 명당 2억 마리의 곤충이 버젓이 지구에 산다고 하니 어마어마하지요. 그런데 곤충들은 대부분 작아서 맨눈으로 보일락 말락 하지만 그들도 생명인지라 할 짓 안 할 짓 다 하면서 우리 곁에서 살아갑니다.

누군가 내게 붙여준 별명이 있습니다. '필드의 여왕!' 가끔 내게 그런 별명이 있다고 자랑하면 대번에 돌아오는 말은 '골프를 잘 치시는군요. 몇 타 치나요?' 되묻는 해프닝도 있지만 그 별명이 아주 맘에 듭니다. '필드의 여왕'이란 타이틀이 무색하지 않도록 바쁜 시간을 쪼개고 쪼개어 산과 들에 나가는데, 그럴 때마다 어김없이 '우리 곤충'들이 내게 말을 걸어옵니다.

"어젯밤에 비가 내려 몹시 추워 풀잎 속에 들어가 있었어요."

"오전 내내 암컷에게 짝짓기 하자고 쫓아다녔건만, 콧대 높은 암컷한테 차였어요."

"좀 전에 새가 날아와 내 옆에 있는 나방 친구를 잡아가는 바람에 무서워 죽는 줄 알았어요."

"제가 누굽니까? 소문난 사냥꾼 사마귀 아닙니까? 아깐 하도 배가 고파서 지나가는 통통하게 살찐 메뚜기 한 마리를 잡아먹었어요."

"김연아만 스케이트 잘 타나요? 나 소금쟁이도 스케이트 챔피언이에요. 사람들은 얼음 위에서 타지만 우린 물 위에서 스케이트 탈 수 있어요."

"아깐 장수말벌이 꿀벌 집에 쳐들어가 꿀벌들을 다 잡아갔어요. 아흐, 생각만 해도 끔찍해요."

녀석들은 조잘조잘 끊임없이 수다를 떱니다. 그런 녀석들을 보고 있노라면 문득 어렸을 적 등잔불 밑에서 밤새는 줄도 모르고 읽었던 〈아라비안나이트〉가 아련히 떠오릅니다. 제각기 다른 모습을 한 수많은 곤충들의 수다를 들으려면 밤을 꼬박 새워도 모자랍니다. 몇 날 며칠을 들어도 끝이 안 나는 천일야화 같은 그들 곤충 이야기를 아주 조금만 이 책에서 선을 보였습니다.

복효근 시인이 극찬할 정도로 일보일배 오체투지 하며 날마다 수행하는 자벌레, 신라시대 왕의 무덤 속에서 1,400년 넘게 왕을 호위한 비단벌레, '꽃보다 할배'에 등장하는 짐꾼, '저리 비켜라!' 하며 길 안내하는 길앞잡이, 합법적으로 마약을 먹고 사는 알락애버섯벌레, 시스루 패션의 종결자 모시금자라남생이잎벌레, 곤충계의 블랙홀 개미지옥, 유부녀 딱지인 정조대를 평생 차고 다니는 모시나비, 마누라도 믿을 수 없어, 내 자식은 내가 키운다는 의처증 환자 수컷 물자라, 양학선 선수도 울고 갈 한 번 뛰었다 하면 10점 만점에 10점을 받는 곤충계의 체조선수 방아벌레, 비자 없이 밀입국해 미국을 발칵 뒤집어 놓은 유리알락하늘소, 서해를 건너 우리나라에 날아온 장거리 마라토너이자 곤충계의 철새 된장잠자리. 살아있는 비아그라 가뢰, 혼인 지참금이 있어야 장가갈 수 있는 밑들이, 신사임당이 사랑한 곤충들 등등.

그런데 말입니다. 이렇게 신비롭고 재주 많은 곤충을 얼마나 알고 계신가요? 오늘도 무심코 곤충을 보고 징그럽다며 오만상을 찌푸리며 잡아죽이거나, 하찮다고 괴롭히고 놀리지는 않으셨나요? '어여쁜 곤충'이라고 정서적으로 강요하고 싶지는 않지만 적어도 그 '하찮고 스멀스멀 징그러운' 녀석들은 우리의 이웃인 건 분명합니다. 우리는 하루도 빼지 않고 늘 곤충들과 가까이서 동거를 하고 있습니다.

안도현 시인이 그랬습니다. "나 서른다섯 될 때까지 애기똥풀 모르고 살았지요…… 봄날 돌아올 때마다 그들은 내 얼굴 쳐다보았을 텐데요…… 애기똥풀 얼마나 서운했을까요. 애기똥풀도 모르는 것이 저기 걸어간다고……."

곤충들도 얼마나 맘 상하고 서운했을까요? 날마다, 아니 봄, 여름, 가을, 겨울 할 것 없이 늘 사람 곁에서 동거하면서 다정하게 얼굴을 보여주는데도 자기들을 몰라주고 저기 걸어간다고.

광장동 연구실에서
정부희

차례

저자 서문 4

1장 옷이 날개

1. 얇은 사 하이얀 옷 입은 꼬리명주나비 14
2. 신비한 색의 소유자, 비단벌레 19
3. 도포자락 휘날리는 청띠신선나비 25
4. 오톨도톨 여드름쟁이, 두꺼비메뚜기 30
5. 시스루 패션의 종결자, 모시금자라남생이잎벌레 34
6. 허물 쓰레기를 걸친 남생이잎벌레 40
7. 연두저고리 다홍치마 입은 새노란실잠자리 46
8. 하얀 웨딩드레스 입은 신부날개매미충 53

2장 버섯과 열매 보양식 먹는 곤충

1. 마약을 먹고 사는 알락애버섯벌레 60
2. 구수한 팥으로 배 채우는 팥바구미 65
3. 파리들의 보약, 노랑망태버섯 69
4. 불로초를 먹고 사는 살짝수염벌레 74

3장 뛰어난 건축가

1. 초록색 집 짓는 유리산누에나방 80
2. 곤충계의 블랙홀, 개미지옥 85
3. 도롱이 집 짓고 사는 주머니나방 90
4. 잎을 말아 요람 만드는 거위벌레 95

4장 아옹다옹 살아가는 식물과 곤충

1. 족도리풀의 단짝, 애호랑나비 102
2. 개나리만 먹고 사는 개나리잎벌 108
3. 애기똥풀을 찾아온 곤충 손님 115
4. 오리나무와 오리나무잎벌레 122

5장 곤충들의 결혼 풍속도

1. 결혼의 조건, 사슴벌레 130
2. 결혼 지참금이 필요해, 밑들이 134
3. 정조대 달고 사는 모시나비 140

6장 곤충들의 육아 풍경

1. 등에 업고 키우는 아빠 물자라 148
2. 아기 밥상 차리는 소똥구리 152
3. 알 낳고 죽는 장한 사마귀 158
4. 자식을 지키는 에사키뿔노린재 162

7장 스포츠 스타 곤충

1. 배영 전문 선수, 송장헤엄치게 170
2. 단거리 육상 선수, 길앞잡이 177
3. 높이뛰기 세계 챔피언, 거품벌레 183
4. 마라톤 선수, 모나크왕나비와 된장잠자리 189
5. 물구나무서기 선수, 등에잎벌 195
6. 곤충계의 쇼트트랙 선수, 소금쟁이 200
7. 오체투지 수행하는 자벌레 206
8. 체조 선수, 방아벌레 212
9. 곤충계의 피겨 스케이트 선수, 물맴이 218

8장 인간의 삶 속에 들어온 곤충

1. 덩더꿍 장구 치는 장구애비 224
2. 도토리 한 개면 충분해, 도토리거위벌레 229
3. 미국으로 불법 이민 간 유리알락하늘소 234
4. 신사임당의 〈초충도〉 속 곤충들 239

9장 곤충은 미래의 밥상이자 자원

1. 불구덩이 속으로 뛰어드는 침엽수비단벌레 246
2. 잘 쓰면 약 못 쓰면, 독 가뢰 250
3. 돌을 번쩍 드는 털두꺼비하늘소 254
4. 돈 버는 재주꾼, 굼벵이 260
5. 거저리 쿠키, 거저리 266

1장_ 옷이 날개

1. 얇은 사 하이얀 옷 입은
꼬리명주나비

 야생화란 참 희한합니다. 관심 있는 사람만이 잘 볼 수 있으니 말이지요. 서너 송이씩 숲 바닥에서 숨어 피는 데다 대부분의 야생화가 아기 손톱만큼 작기 때문에 웬만한 사람의 눈에 좀처럼 띄지 않습니다. 하지만 '꽃 무더기 풀 무더기'란 뜻을 가진 '꽃무지풀무지 수목원'에 가면 토종 야생화란 야생화는 죄다 만날 수 있습니다. 건설업을 하던 수목원 주인장이 야생화에 홀려 전 재산을 털어 만든 수목원이라니 더욱 정이 가 틈만 나면 자주 들릅니다. 수십 억 원을 쏟아 부은 거에 비해 돈은 못 벌었지만 수목원엔 꽃, 나무, 곤충과 새들이 넘쳐나 찾는 사람들의 마음을 풍요롭게 만듭니다. 지원금을 받지 못해 재정난에 문을 닫을까 걱정이 앞섭니다. 5월 초, 꽃무지풀무지 수목원에 따사로운 햇볕이 쏟아져 내립니다. 산새들 노랫소리와 아리따운 야생화에 둘러싸여 봄볕을 희롱하니 온 세상을 다 얻은 것 같습니다.
 우아한 꼬리명주나비 대여섯 마리가 이쪽에서 저쪽으로 꼬리를 길게 늘

어뜨리고 사뿐사뿐 날아다닙니다. 어느새 내 발걸음은 홀린 듯이 너울너울 춤을 추고 있는 나비들을 따라다니고 있습니다. 보들보들 결이 고운 명주 옷감으로 만든 날개옷을 입고서 나긋나긋 날갯짓을 하며 높이 날다가도 이따금 낮게 천천히 미끄러지듯이 활주합니다. 그 모습이 마치 하늘에서 떼로 내려오는 선녀들 같아 나도 모르게 "얇은 사 하이얀 고깔은 고이 접어서 나빌레라."란 시구가 자꾸만 입가에 맴돕니다. 이렇게 뒷날개 끝에 긴 꼬리가 달려 있고, 날개는 보드라운 명주 천처럼 고와 꼬리명주나비라 부르니 이름도 모습만큼이나 아름답습니다.

가만히 보니 풀밭을 왔다 갔다 날아다는 녀석들은 죄다 수컷이군요. 무슨 일일까? 무슨 사연이 있기에 암컷은 한 마리도 보이지 않고 수컷만 총출동했을까? 남녀유별이라고 꼬리명주나비는 암컷과 수컷의 날개 색깔이 달라 누가 수컷이고 누가 암컷인지 금세 표가 납니다. 수컷은 하얀 명주 천에 까만 무늬가 그려진 날개옷을 입었고, 암컷은 까만 바탕에 노란 무늬가 찍힌 옷을 입었습니다.

도대체 무슨 일이라도 난 것일까? 갑자기 너울너울 유유자적 날던 수컷들의 날갯짓이 바빠졌습니다. 동물원의 호랑이가 우리 속을 빙빙 도는 것처럼 반복적으로 이쪽으로 쉬익 날아왔다 저쪽으로 날아갔다, 공중으로 날아올랐다 풀숲 위를 낮게 납니다. 초조하게 나는 걸 보니 분명히 뭔가를 찾는 게 틀림없습니다. 풀밭을 구석구석 둘러보니 역시 한구석에 암컷 꼬리명주나비가 있군요. 그런데 날 생각은 하지 않고 새초롬하게 풀줄기에 붙박이처럼 앉아 있네요. 자세히 들여다보니 녀석은 기형입니다. 날개돋이에 실패해서

꼬리명주나비 수컷

 그만 왼쪽 한쪽 날개가 쫙 펴지지 않고 구겨진 휴지처럼 쪼글쪼글합니다. 암컷의 임무는 알을 낳아 가문을 이어 가는 일. 짝짓기는 해야 하겠고, 날개는 성치 않고…… 하지만 이 없으면 잇몸으로 사는 법. 녀석은 앉아서 수컷의 마음을 싱숭생숭하게 만드는 성페로몬을 내뿜어 수컷을 불러들입니다. 그래서 암컷 주변에 사는 수컷들은 암컷이 뿜는 오묘한 냄새에 이끌려 암컷이 눈에 보이지도 않는데도 냄새의 진원지를 찾아 끊임없이 날아다닙니다. 본능에 너무나 충실한 수컷의 행동을 보니 혀가 내둘러집니다.
 드디어 운 좋은 수컷 한 마리가 기형 암컷 나비를 찾아냈습니다. 이에 뒤질세라 다른 수컷들도 줄줄이 장애우 암컷에게 날아옵니다. 잠시 장애우 암

꼬리명주나비 암컷

컷을 사이에 두고 수컷끼리 날개를 펄럭이며 쟁탈전이 벌어집니다. 사람들 세계에서는 좀처럼 볼 수 없는 광경이 눈앞에서 펼쳐지니 놀랍기만 합니다. 얼마나 시간이 흘렀을까? 우여곡절 끝에 가장 먼저 날아온 수컷 한 마리가 다른 수컷들을 물리치고 장애우 암컷과 짝짓기를 합니다. 건강한 수컷과 몸이 불편한 암컷은 봄볕이 내리는 풀밭에서 오래오래 사랑을 나눕니다.

짝짓기를 마친 후 수컷은 날아가고 날개가 온전치 못한 암컷은 홀로 남아 알을 낳을 준비를 합니다. 하지만 아기 꼬리명주나비가 태어나면 먹을 쥐방울덩굴 잎을 찾아가 알을 낳으려면 '산 넘어 산'입니다. 그래도 어미는 성치 않은 날개를 퍼덕이며 땅을 기어 '쥐방울덩굴 산부인과'를 찾아 나섭니다.

1.짝짓기 2.애벌레 3.쥐방울덩굴

제발 별 탈 없이 녀석이 순산하길 바라며 맘속 깊이 응원을 합니다.

텔레비전을 보다가 장애인과 비장애인의 아름다운 사랑 이야기에 가슴 찡한 적이 한두 번이 아닙니다. 대부분 주변의 반대와 편견 등 평탄치 않은 과정을 거치고 결혼에 성공한 이야기지요. 그만큼 사람 세상에서는 장애를 가진 사람과 장애를 갖지 않은 사람이 하나가 되어 산다는 건 그리 쉬운 일이 아닙니다. 하지만 꼬리명주나비의 세계에서 신체적 장애는 아무런 문제가 되지 않습니다. '홍익인간'의 정신을 몸소 실천하고 사는 꼬리명주나비를 보니 편견 가득한 사람으로 사는 게 민망할 뿐입니다.

문득 "장애가 없는 건 어디에도 없다. 한평생 세상을 살다 보면 무수한 장애물이 있다. 지금까지 우리가 이 자리에 오면서 얼마나 많은 장애물을 헤치고 왔는가. 결국 인생이란 일종의 장애물 경주다."라고 설파하신 법정 스님의 말씀이 떠오릅니다. 그렇습니다. 인생이란 아직 끝나지 않은 경주입니다. 그저 장애라는 것은 산마루에 이르는 특별한 디딤돌에 불과할 뿐입니다.

2. 신비한 색의 소유자
비단벌레

눈부시게 아름다운 가을날, 경주에 왔습니다. 바닷물보다 더 푸른 하늘 그리고 유화 같은 황금들판이 그림처럼 펼쳐집니다. 언덕도 아닌, 산도 아닌, 봉곳봉곳 솟아 있는 커다란 왕릉 사잇길을 걷습니다. 마침 저만치 첨성대 너머로 웬 장난감 같은 꼬마 기차가 달려가고 있습니다. 아, 말로만 듣던 비단벌레 전기 자동차군요. 새파란 하늘 아래에 거대한 왕릉을 뒤에 두고 첨성대 옆을 달리는 초록빛 자동차가 귀엽고 깜찍합니다. 초록빛 자동차를 타고 거대한 왕릉의 속살을 만나는 느낌은 색다를 것 같습니다. 무슨 까닭이 있기에 신라 천 년 도읍지 경주에 비단벌레차가 등장했을까요?

비단벌레! 이름처럼 눈부시게 화려해 한 번만 봐도 단번에 눈을 사로잡는 곤충입니다. 몸집이 아기 새끼손가락만큼(몸길이 36밀리미터) 크니 한눈에 확 띕니다. 몸색깔은 초록빛으로 딱지날개에는 불그스름한 세로줄이 시원스레 그려져 있고, 피부는 참기름이라도 바른 듯이 윤이 자르르 흐릅니다. 햇빛이라도 비칠라치면 보는 각도에 따라 빨주노초파남보 무지개 빛깔이 신비스럽고 휘황찬란하게 뻗어 나옵니다. 심지어 한여름 햇볕이 쨍쨍 내리쬐는 날이면 수백 년 넘게 살아온 팽나무 꼭대기에 앉았다 날았다 하니 멀리서 보면 금은보화가 번쩍이는 것 같습니다. 오죽하면 옥처럼 귀한 벌레란 뜻을 가진 옥충玉蟲으로 대우받았을까요. 이렇게 아름답다 보니 비단벌레는 그간 사람의 손을 많이 탔고, 사람 위주의 개발 탓에 지금은 보고 싶어도 볼 수 없는 희귀한 곤충이 되었습니다. 녀석들이 속수무책으로 사라지자 서둘러 나라에서는 녀석을 멸종위기종 1급, 천연기념물 496호로 지정해 보호하기에 이르렀습니다. 그래서 이제는 누구라도 비단벌레를 한 마리라도 잡아가면 경찰서로 직행해야 합니다.

미인박명이라고 비단벌레가 한눈에 반할 정도로 아름다우니 옛 사람들은 비단벌레만 보면 옥충이라며 무조건 잡아다 귀한 물건을 장식하는 데 사용하였지요. 얼마나 유명세를 탔는지 북쪽으로는 고구려 시대의 평양 진파리 고분, 남쪽으로는 신라의 금관총과 황남대총 고분 속에 묻힌 왕의 부장품에서 수천 마리도 넘는 비단벌레가 발견되었습니다.

특히 황남대총에서 발견된 말안장 꾸미개는 너무도 화려하고 아름답습니다. 말안장 꾸미개를 만들기 위해 나무판을 고운 비단 천으로 싼 다음 그 위에 비단벌레 딱지날개를 일렬로 가지런히 줄맞춰 깔아 붙입니다. 그런 뒤에는 정교한 새김장식을 한 금동판을 올려놓지요. 그러면 금동판에서 흘러나오는 금빛과 금동판 틈에서 뿜어 나오는 오색찬란한 비단벌레 딱지날개의 색이 함께 어우러져 신비할 정도로 화려한 빛깔을 만들어 냅니다. 말안

금테비단벌레

  장 꾸미개 하나 만드는 데 비단벌레가 무려 2,000마리가 희생되었다니 놀랍기 이전에 가슴이 쓰립니다.
  비단벌레를 장신구로 사용한 것은 우리만이 아니었습니다. 가까운 중국에서는 화려한 비단벌레에다 금속 테두리를 둘러서 장신구를 만들었는데, 부녀자들은 이 비단벌레 장신구를 자신의 옷에 붙여 멋을 내기도 했습니다. 일본에서도 비단벌레를 장식품으로 사용했는데, 특히 법륭사에 있는 옥충주자(玉蟲廚子, 불상을 모시는 탑 모양의 장롱으로 비단벌레로 장식함)에는 대략 4,500마리의 비단벌레가 들어갔다니 입이 떡 벌어질 뿐입니다.
  법륭사 얘기가 나왔으니 말이지 일본 사람들은 한때 일본에만 '비단벌레

공예품'이 있다고 우겼습니다. 하지만 일제 강점기(1921년) 때 신라의 금관총에서 비단벌레 장식품이 많이 출토되자 도무지 믿을 수 없다며 당황스러워 했습니다. 그래서 정말 한반도에 비단벌레가 사는지 직접 확인하고자 우리나라에 건너와 세 차례 비단벌레를 조사했습니다. 아쉽게도 조사결과는 '꽝'. 고작 3마리만 확인했을 뿐입니다. 조사 당시에도 우리나라에선 비단벌레를 보기가 하늘의 별 따기나 마찬가지로 귀했습니다. 결국 일본인들은 한국에는 비단벌레가 있긴 하지만 개체수가 굉장히 적다고 결론지었습니다. 그래서 아직도 일본과 우리나라의 장식품에 사용했던 비단벌레가 어디 출신인지 의견이 분분합니다. 우리나라에 비단벌레가 많이 살고 있다면 이런 신경전은 아예 고개도 못 들었을 거라 생각하니 속이 상합니다.

그러면 이 많은 비단벌레를 어디서 데려왔을까요? 아직도 그건 모릅니다. 비단벌레는 남방계 종이라서 겨울 기온이 평균 0도는 되어야 삽니다. 그러다 보니 녀석들은 우리나라 남부 해안, 일본 중남부, 대만 남부와 인도차이나반도 북부에서 삽니다. 따라서 확실치는 않지만 동남아시아에서 수입해 왔을 가능성도 점쳐집니다. 물론 어떤 사람은 신라 시대 당시에는 지금보다 온도가 높아서 우리나라에도 비단벌레가 굉장히 많이 살았을 것으로 추정하지만 아직 이렇다 할 증거는 없습니다. 일제 강점기 때 일본 학자들이 녀석을 찾아 우리나라 방방곡곡을 찾아 헤맸지만 겨우 몇 마리만 만났다 하니 이미 오래전부터 비단벌레는 '귀하신 몸'이었습니다.

놀랍게도 비단벌레의 딱딱한 딱지날개는 1,500년 세월을 비웃기라도 하듯이 방금 태어난 것처럼 찬란한 빛깔을 그대로 유지하고 있습니다. 쇠도

녹이 스는 판에 딱지날개는 무슨 수로 변하지 않고 고스란히 남아있을까요? 딱지날개는 '큐티클'이라는 신비한 재질로 만들어져 아무리 양잿물에다 넣고 펄펄 끓여도 녹지도 변질되지도 않습니다. 그러니 깜깜한 무덤 속에서 1,500년 동안이나 찬란한 색깔이 변하지 않고 그대로 유지되어 왔지요.

비단벌레의 밥상은 뭘까요? 왕벚나무, 팽나무, 가시나무가 주식인데, 특히 늙어 썩어 가는 나무를 좋아합니다. 물론 어른벌레는 고작해야 1주일 정도 살지만, 애벌레는 나무 속에서 1년 이상을 살기 때문에 아름드리 썩은 나무가 있어야 살아남을 수 있지요. 그래서 비단벌레는 주로 바닷바람을 막기 위해 심어 놓은 해안가의 팽나무 숲, 느티나무 숲 같은 방풍림에서 살기 때문에 남부지방의 해안가에서 가끔 만날 뿐 좀처럼 모습을 보여 주지 않습니다. 더구나 이 숲들은 예전에 풍수지리설의 영향으로 마을 어귀에 만든 비보숲으로 드문드문 흩어져 있어서 비단벌레가 무더기로 서식하는 데는 한계가 있습니다.

지난 2012년 세밑에 희소식이 날아왔습니다. 농촌진흥청의 한 연구진이 한국, 일본, 중국, 동남아 일대의 비단벌레를 모두 데려다 DNA를 분석하는 연구를 했습니다. 연구 결과 한국에서 사는 비단벌레가 다른 나라의 비단벌레 *Chrysochroa fulgidissima*와는 완전히 다른 종류로 밝혀졌습니다. 다시 말하면 우리나라에서만 서식하는 순수 토종 비단벌레인 것으로 판명이 난 것이지요. 그래서 이름도 한국에서 사는 종이라는 의미로 크리소코라 코레아나 *Chrysochora coreana*라고 지어 줬습니다. 엄하게 다른 나라의 비단벌레 족보에 올랐던 녀석이 비로소 몇 전 년이 지나서야 제 족보를 찾았으니 녀석은 얼마

비단벌레 수컷(좌)과 암컷

나 감개무량할까요.

　단 열흘도 못 사는 운명을 지고 세상에 나온 어른 비단벌레. 그 짧은 열흘도 다 살아 보지도 못하고 통째로 뜯긴 날개를 왕의 무덤에 바친 비단벌레. 1,500년 전 왕은 죽어 흙으로 돌아가고 없지만, 비단벌레는 죽어 사라진 왕 옆을 1,500년 동안 찬란한 자태로 묵묵히 지켰습니다. 영원불멸을 떠올리게 하는 비단벌레를 보니 얼마 전 생면부지의 사람 4명에게 새 생명을 안기고 떠난 네 살배기 어린아이가 떠오릅니다. 그 어린 천사는 부모와 의료진의 간절한 기도와 치료에도 불구하고 의식을 회복하지 못하고 태어난 지 4년 만에 뇌사 상태에 빠졌다가 아파 힘들어 하는 4명에게 새 생명을 전하고 하늘나라로 갔다니 가슴이 먹먹합니다. 그간 나와는 상관없는 남의 일로만 여겨졌던 장기 기증에 대한 생각이 하루 종일 머릿속을 떠나지 않습니다.

3. 도포자락 휘날리는
청띠신선나비

따스한 햇살이 쏟아지는 어느 봄날, 아무도 없는 호젓한 산모퉁이를 바람과 벗하며 한 발 한 발 걷습니다. 바람이 실어 온 연초록 나뭇잎 냄새로 목욕하니 엉켜 있던 머릿속이 이슬방울처럼 맑아집니다. 어디선지 나비 한 마리가 신선처럼 훨훨 날아 바위 위에 앉습니다, 까만 도포자락에 청띠 무늬를 두르고선. 아! 청띠신선나비군요. 이 봄에 '나비계의 신선' 청띠신선나비가 눈앞에서 날개를 펼쳤다 접었다 하니 마치 내 자신이 장자가 된 듯합니다.

춘몽

꿈은 떨어지는 꽃잎 같고 꽃은 꿈같은데,
사람은 어찌 호랑 나비되고 나비 어찌 사람이 되나.
꿈에선 나비도 꽃도 사람도 모두 한마음의 일이니,

봄 신에게 호소라도 하여 이 봄을 붙잡아 둘까 보다.

- 한용운

유명한 〈장자〉에 나오는 '호접지몽胡蝶之夢'을 인용한 시입니다. 만해 선사는 아련한 꽃 속에서 봄날의 아름다움을 이렇게 〈장자〉의 '호접지몽'을 빌어 노래하고 싶었나 봅니다. 봄의 신에게 하소연을 해서라도 가는 봄을 계속 잡아 두고 싶은 만해 선사의 마음이 고스란히 전해집니다.

신선을 닮은 청띠신선나비, 너울너울 유유히 날아다니는 모습이 마치 도포자락을 휘날리며 구름을 타고 다니는 것 같습니다. 그 모습이 오죽 신선 같았으면 이름도 청띠신선나비일까요? 청띠신선나비는 곤충치고는 헤비급입니다. 날개를 편 길이가 6센티미터도 넘으니 멀리서도 눈에 확 띕니다. 나풀나풀 날 때마다 '청띠'가 살짝 보였다 감춰졌다 또 보였다 감춰졌다, 정말이지 그 빛깔과 자태가 신비로워 "아! 아!" 감탄사만 연발합니다. 아침에 일광욕을 하려고 해를 등진 채 날개를 활짝 펴고 바위 위에 앉아 있기라도 하면 칙칙한 바위 주변이 금세 훤해집니다.

그런데 청띠신선나비의 날개가 좀 찢어졌군요. 무슨 일일까? 그러고 보니 녀석은 겨울 내내 덤불 속에서 겨울잠을 자다 나왔습니다. 저 연약한 몸으로 추운 겨울에도 얼어죽지 않고 살아남다니! 하도 기특해 보고 또 봅니다. 실은 나비들은 겨울을 어른벌레로 나는 경우가 굉장히 드뭅니다. 네발나비, 뿔나비, 작은멋쟁이나비 등 우리나라에서 사는 나비들 가운데 고작해야 열 손가락에 들 정도니까요.

청띠신선나비

겨울잠에서 깨어난 청띠신선나비는 굶주린 배를 채우러 이리저리 날아다닙니다. 이른봄엔 꽃이 그리 많이 피지 않아 주로 나무의 갈라진 틈에서 흐르는 수액을 먹습니다. 봄만 되면 사람들은 수액을 뽑겠다고, 특히 고로쇠의 수액을 뽑겠다고 나무마다 구멍을 뚫어 비닐 호스를 꽂아 둡니다. 청띠신선나비는 그 모습을 보고 어떤 마음이 들까요?

수액 먹는 것도 잠시. 청띠신선나비는 알을 낳으러 숲속을 헤맵니다. 어른 청띠신선나비는 주둥이가 빨대형이라 꽃꿀이나 수액을 먹지만 아기 청띠신선나비는 주둥이가 씹어 먹는 형이라 잎사귀를 먹습니다. 더구나 아기는

1. 청띠신선나비 애벌레와 2. 번데기 3. 청가시덩굴

입맛이 까다로운 편식장이라 아무 잎사귀나 먹지 않고 가시가 다닥다닥 달린 청가시덩굴 잎을 골라 먹습니다. 그러니 엄마 청띠신선나비는 알을 낳고 죽기 때문에 알에서 태어날 아기가 먹을 청가시덩굴 식당을 찾아 이리저리 헤맵니다.

드디어 청가시덩굴 잎사귀 밥상에 도착한 엄마 청띠신선나비. 엄마는 배 꽁무니를 잎사귀 뒷면에 대고 움찔거리며 알을 낳습니다. 사람 같으면 진통을 겪으며 하루는 꼬박 걸릴 텐데, 녀석은 30초도 안 걸려 알 하나를 뚝딱 낳는군요. 이렇게 녀석은 알을 하나씩 하나씩 정성껏 낳고선 땅바닥에 맥없이 떨어져 죽습니다. 바람에 이따금 날개만 너털거리는 엄마 청띠신선나비에게 갑자기 개미들이 몰려옵니다. 한 마리 두 마리 세 마리⋯⋯ 셀 수도 없는 수많은 개미떼가 청띠신선나비의 시체에 모여 한바탕 식사 잔치를 벌이다 남은 것은 자신이 돌보는 새끼에게 주려고 가져갑니다. 풍진 세상을 살다가 죽은 엄마 청띠신선나비. 죽어서도 개미들에게 '몸 보시' 하는 녀석이 오늘따라 새삼 관음보살처럼 빛나 보입니다. 요즘 사람들 세계에서도 죽은 후에 장기를 기증하려는 뜻 깊은 생각들이 퍼져 나가고 있습니다. 그러고 보니 인간 세계의 장기기증의 원조는 곤충이군요.

며칠 후 알에서 깨어난 아기는 엄마의 얼굴도 모른 채 혼자 힘으로 밥도 먹고 잠도 자고 똥도 싸고 천적도 피하면서 살아갑니다. 다 자란 아기는 나무줄기에다 자신의 배 꽁무니를 칭칭 동여매고 거꾸로 매달려 번데기로 변신합니다. 비가 내리치고 바람이 세게 몰아쳐도 번데기는 꿋꿋하게 잘 버텨내 도포자락 휘날리는 어른 청띠신선나비로 부활할 날을 기다립니다.

말이 '신선'이지 나비의 일생은 참 고됩니다. 알에서 깨어나 험난한 애벌레와 번데기 시절을 거쳐 어른 나비가 될 때까지 얼마나 많은 위험과 고비가 있었을까요? 태풍도 만나고 폭우도 맞고 천적과도 맞닥뜨리고 사람들이 뿌린 살충제도 흠뻑 맞고…… 어찌 보면 나비는 온갖 고통과 번뇌 속에서 참다운 '나'를 찾아 고집멸도苦集滅道의 길을 걷는 성자와 비슷한 면이 많습니다.

4. 오톨도톨 여드름쟁이
두꺼비메뚜기

　8월 말입니다. 아침저녁에는 무더움이 제법 가셔 '잠 못 드는 밤'은 면했지만 한낮 햇볕은 머리 가죽이 벗겨질 정도로 뜨겁습니다. 요즘은 메뚜기 시대입니다. 메뚜기들이 제철을 만나 산길에서도 들길에서도 논둑길에서도 한바탕 축제를 벌입니다. 한 걸음 한 걸음 옮길 때마다 길섶에선 벼메뚜기, 섬서구메뚜기, 방아깨비, 애메뚜기 등 메뚜기란 메뚜기가 죄다 나와 후드득후드득 이리 뛰고 저리 뛰고 난리가 아닙니다. 메뚜기가 밟힐까 조심조심 걷는데, 조그만 메뚜기가 펄쩍 뛰어 도망갑니다. 높이만 뛰었지 멀리는 못 뛰어 바로 발밑에 앉은 것 같은데 잘 안 보입니다. 고개 숙여 더듬더듬 찾으니 두꺼비메뚜기가 앉아 있네요. 그러면 그렇지, 몸색깔이 땅 색과 비슷하니 가뜩이나 노안이 온 내 눈에 확 띌 리가 없지요. 더구나 피부는 좁쌀만 한 여드름이 난 것처럼 오톨도톨하니 흙 알갱이 같은 착각을 일으키게 합니다. 보호색치고는 이보다 더 완벽할 수 없습니다. 그 모습이 마치 독이

두꺼비메뚜기

많은 두꺼비 같아서 '두꺼비메뚜기'라고 부르는데, 어째 이름만 들으면 재물을 듬뿍 가져다주는 메뚜기 같습니다.

하지만 두꺼비메뚜기는 '두꺼비'가 한몸에 받은 찬사를 받지 못합니다. 되레 '송장메뚜기'라고 무시하니 기막힐 노릇입니다. 그래도 그렇지 멀쩡히 두 눈 뜨고 살아 있는 생명체에게, 그것도 펄떡펄떡 잘만 뛰어다니는 녀석한테 송장이라니요? 두꺼비메뚜기 입장에선 보통 억울한 게 아닙니다.

예전엔 메뚜기를 잡으면 강아지풀 줄기에 꿰거나 찌그러진 양은 주전자에 잡아넣어 집으로 가져왔습니다. 그 메뚜기를 프라이팬에 들기름을 두르고 볶거나 불에 구워 먹었는데, 그 간식 메뉴에는 두꺼비메뚜기가 감히 끼

1·2. 두꺼비메뚜기

지 못했습니다. 송장 닮은 메뚜기를 먹는 게 몹시 꺼림칙했기 때문이지요. 또한 메뚜기들은 모두 건드리면 입에서 검푸른 '게거품'을 토하는데, 사람들은 송장메뚜기만 송장이나 시체에서 나오는 거품을 내뿜는다고 생각했습니다. 메뚜기들은 엄연히 같은 집안 식구들인데 누구는 먹고 누구는 안 먹으니 두꺼비메뚜기 입장에선 왕따 당한 것 같아 자존심이 굉장히 상합니다. 따지고 보면 메뚜기가 소화액인 거품을 토하는 것은 '자위권'을 행사하는 것입니다. 메뚜기에겐 폭탄먼지벌레처럼 폭탄도 없고, 사슴벌레처럼 뿔도 없습니다. 가진 거라곤 뜀뛰기 실력과 거품뿐. 실제로 거무죽죽하고 안 좋은 냄새를 풍기는 소화액을 내뿜으면 포식자들은 잡아먹으려다가 '에잇, 밥맛 떨어져!' 하고 저쪽으로 가 버립니다.

송장메뚜기는 정식 곤충 이름이 아닙니다. 그저 거무튀튀한 색깔을 가진 메뚜기들을 뭉뚱그려 부르는 말입니다. 그러니 두꺼비메뚜기를 비롯해 팥중이, 콩중이, 등검은메뚜기, 각시메뚜기 등 몸색깔이 거무칙칙한 갈색인 녀석들은 모두 송장메뚜기인 셈입니다. 송장메뚜기는 주로 흙바닥에서 사는데, 특히 이름처럼 무덤가에서 많이 삽니다. 요즘이야 돌아가신 분을 화장해 납골당에 모시지만 얼마 전까지만 해도 양지바른 뒷산, 특히 풍수

1.등검은메뚜기 2.풀무치 3.팥중이

적으로 복을 불러들이는 땅에 무덤을 만들었지요. 그 무덤 터는 햇빛 좋은 남향에다 풀도 많고 바람까지 가둔 곳이니 메뚜기들에겐 천국이요 명당입니다.

시대가 바뀌어 요즘은 사육 기술이 발달해 일 년 내내 실내 건물에서 메뚜기를 키워 '메뚜기도 한철'이라는 말이 무색합니다. 또한 야생에서도 서식지가 파괴되어 '메뚜기도 한철'이란 말이 옛말이 되어 가고 있습니다. 지금은 웬만한 시골길도 다 포장되어 풀도 살기 힘들고 땅에 터전인 두꺼비메뚜기도 살기 힘들어졌습니다. 한번은 아스팔트 길 위에서 버려진 작업용 장갑이 땅인 줄 알고 배 꽁무니를 닳고 닳도록 비비적거리며 알을 낳는 두꺼비메뚜기를 본 적이 있는데, 그때 얼마나 가슴이 아렸는지 모릅니다. 인생사도 '메뚜기도 한철'이란 속담과 다를 게 없습니다. 흐르는 세월엔 정말 장사가 없습니다. '메뚜기도 한철'인 것처럼 다 때가 있기 마련. 지금 이 시간이 가장 좋은 기회이고 가장 좋은 때니 하루하루 감사하고 기쁘게 살아가도 모지랄 날들입니다.❧

5. 시스루 패션의 종결자
모시금자라남생이잎벌레

 다음 주말에는 지인의 돌잔치에 가야 하는데, 뭘 선물해야 할지 벌써부터 고민이 됩니다. 무슨 선물이 좋으냐고 친구에게 물었더니 "뭐니 뭐니 해도 현금! 현금이 최고지!" 하고 망설임 없이 귀뜸합니다. 내 아이 키울 때만 해도 돌잔치 선물로는 으레 금반지 한 돈을 했었지요. 하기야 그땐 금반지 한 돈 값이 5~6만원 할 때니 부담이 없었지만, 지금은 금값이 장난이 아닙니다. 금 한 돈에 17만 원 정도 한다니 옛날 생각하면 격세지감을 느낍니다. '금' 하니 1997년에 닥친 외환위기[IMF] 때 벌어졌던 금 모으기 운동이 얼른 생각납니다. 온 국민이 아이들의 돌 선물로 받은 장롱 속 금반지는 물론 손가락에 끼었던 금가락지까지 빼서 냈었지요. 그야말로 위기에 빠진 나라를 한 돈 두 돈 모인 금반지로 구한 셈입니다.
 금 얘기 하려면 평생 금박 옷을 입고 사는 벌레 얘기를 빼놓을 수 없지요. 어떤 착한 일을 했는지 조물주가 온몸에 금박을 입혀 놓은 모시금자라남생이잎벌레(딱정벌레목, 잎벌레과)입니다. 녀석의 몸은 하늘 높은 줄 모르고 값이 뛰는 황금으로 덮여 있어 한 번만 봐도 '앗! 금덩이다!' 하고 눈이 번쩍 뜨입니다. 잎사귀에 붙어 있으면 마치 금 브로치를 달고 있는 것 같아 얼마나 예쁜지 모릅니다. 누가 금이라도 떼 갈까 봐서인지 황금 몸을 세모시 저고리처럼 속이 다 비치는 옷으로 덮었으니 과연 '시스루see through 패션의 종결자'입니다. 게다가 짜리몽땅한 다리, 움츠린 머리, 넓적한 등짝은 자라와 비슷하게 생겨 깜찍하기까지 합니다.

'예쁜 것도 죄'인 시대입니다. 미인박명이라고, 한눈에 반할 정도로 예쁘니 녀석을 보기만 하면 사람들이 보는 족족 잡아가 씨를 말립니다. 그런데 녀석은 사람들과 친하지 않습니다. 집에 데려가 밥을 줘도 도통 먹지 않고, 결국 잡혀간 지 며칠도 안 되어 시름시름 앓다 죽어 갑니다. 안타깝게도 녀석이 죽을 때가 되면 몸을 덮고 있던 금들은 사라집니다. 죽어 가는 모습은 마치 바닥에 떨어져 갈색으로 변한 목련꽃의 꽃잎처럼 아주 초췌합니다. 그러니 모시금자라남생이잎벌레를 보면 아무리 탐이 나더라도 그냥 눈인사만 하고 잡아오면 안 됩니다.

이름만 들어도 알 수 있듯이 녀석은 잎벌레 가문의 식구답게 식물의 잎사귀만 먹고 삽니다. 하지만 아무 식물이나 덥석덥석 먹지 않고 오로지 자신이 좋아하는 식물만 골라 먹습니다. 녀석의 주식은 바로 나팔꽃 사촌인 메꽃. 아침에 피었다가 저녁에 지는 꽃 하면 누구나 나팔꽃을 떠올립니다. 사람들은 나팔꽃을 가리키며 무슨 꽃이냐고 물어 보면 나팔꽃이라 금세 대답하는데, 메꽃을 가리키며 무슨 꽃이냐고 물으면 잘 대답을 못합니다. 실은

모시금자라남생이잎벌레

　나팔꽃과 메꽃은 국적만 달랐지 생김새가 아주 비슷한 사촌지간인데 말이지요. 분홍색 메꽃은 우리 땅 들녘, 산기슭, 길옆 어디서나 자라는 순수 토종이고, 보랏빛 나팔꽃은 타국 만리 인도에서 건너온 외래종입니다. 그래서인지 토종 모시금자라남생이잎벌레는 입맛도 토종이라 외래종이었던 나팔꽃 잎은 먹지 않고 오로지 메꽃 잎만 먹습니다.

　사람들과 포식자를 피해 용케 살아남은 모시금자라남생이잎벌레는 여느 벌레들처럼 짝짓기가 끝나면 곧바로 전용 식당인 메꽃 잎사귀에 날아와 알을 낳습니다. 알에서 깨어난 새끼는 다 자라 어른벌레로 부활할 때까지 메꽃 잎사귀를 통째로 전세 들어 삽니다. 먹고 자고 싸고 쉬고…… 모든 일을

모시금자라남생이잎벌레 알주머니

잎사귀에서 합니다.

　재밌게도 모시금자라남생이잎벌레 애벌레는 금덩이처럼 생긴 어미와는 달리 몸에 금가루 하나 묻어 있지 않습니다. 되레 얼마나 요상하게 생겼는지 마치 외계에서 날아온 정체불명의 생물 같습니다. 어찌 보면 짚신 같고, 밥주걱 같고, 어찌 보면 설피(겨울철에 눈 위에서 안 미끄러지게 신발에 덧대어 신는 덧신) 같습니다. 한술 더 떠 몸 가장자리에는 길고 억센 가시털이 빙 둘러 줄을 맞춘 듯 나란히 달려 있어 왠지 무시무시합니다. 가시털을 세어 보니 무려 32개나 됩니다. 게다가 녀석은 항문이 적나라하게 다 들어날 정도로 늘 엉덩이를 치켜 올리고 다닙니다. 그것도 모자라 등 위에 자신이 벗

1.메꽃 2·3.애벌레

은 허물껍질에다 자신이 싼 똥을 얹어서 짊어지고 다닙니다. 그래서 언뜻 보면 쓰레기 더미가 걸어가고 있는 것처럼 보입니다. 물론 녀석의 몸이 이렇게 괴상한 건 힘센 포식자를 따돌리기 위한 전략입니다. 즉 힘이라곤 하나도 없는 녀석이 대를 이으며 살아가기 위해 '쓰레기 더미'로 변장해 '난 쓰레기야. 날 먹지 마.' 하고 몸으로 외치는 것이지요.

모시금자라남생이잎벌레 새끼는 허물을 4번 벗으면서 메꽃 잎을 먹으며 무럭무럭 자랍니다. 실험실에서 키워 보니 알에서 깨어난 신생아가 번데기 시절을 거쳐 어른벌레로 부활할 때까지 꼬박 4주 정도 걸립니다. 100세 시대인 요즘 사람으로 치면 4주는 눈 깜짝할 시간이지요. 그 가운데 새끼 시절 2주 내내 새끼들이 하는 일이라곤 오로지 먹는 일. 비가 쏟아져도 바람이 세차게 불어와도 햇볕이 뜨거워도 다른 곳으로 피하지 않고 오로지 메꽃 잎에서 혼자 힘으로 버텨 내는 새끼 모시금자라남생이잎벌레가 대견하기도 하고 안쓰럽기도 합니다.

동네에서 아기 울음소리를 듣기 힘든 요즘 얼마 전에 충북의 한 마을에서 훈훈한 소식을 전해 왔습니다. 주민들이 매달 '1,004원'씩 십시일반 모아서 큰돈은 아니지만 새로 태어난 아기에게 금반지를 선물한다는 소식입니다. 지난 2005년에 시작해 지금까지 이어지는 마을 전통으로 금반지를 받은 아기는 50명이 넘는다고 하니 돈으로 따지기 힘든 따뜻한 마음이 헤아려져 가슴 훈훈합니다. 앞으로 금반지가 더 넘쳐날 그 마을에 금 옷을 입은 모시금자라남생이잎벌레 또한 자손만대 대를 이어 번성하길 간절히 바라 봅니다.

6. 허물 쓰레기를 걸친
남생이잎벌레

눈부신 봄 햇살이 사방을 내리쬐니 온 세상이 화사합니다. 덩달아 숲에도 언덕배기에도 길거리에도 따사로운 봄바람이 불어오니 문득 시 한 수가 떠오릅니다.

探春탐춘

盡日尋春不見春 진일심춘불견춘
杖藜踏破幾重雲 장려답파기중운
歸來試把梅梢看 귀래시파매초간
春在枝頭已十分 춘재지두이십분

봄을 찾아서

종일 봄을 찾았지만 찾지 못하고
지팡이 짚고 험한 길을 헤매 다니다
돌아와 매화 나뭇가지 끝을 보니
봄이 이미 가지 끝에 완연하구나
　　　- 대익(중국 송나라)

　무심코 떠올린 시에 나온 지팡이를 보니 청려장이 아련히 생각납니다. 지팡이 중의 지팡이, 청려장은 속이 비고 단단하고 가벼워 명품 지팡이 축에 낍니다. '세상사 새옹지마'라고 청려장은 우리 주변에서 자라는 잡초 중의 잡초 명아주 줄기로 만듭니다. 명아주는 너무 흔하고 생긴 것도 보잘것없어 이리 치이고 저리 치이는 풀입니다. 손바닥만 한 땅만 있으면 아무데서나 잘 자라고, 밭에 들어와서는 농사를 망치는 한낱 천덕꾸러기 풀입니다. 그래서 틈만 나면 뽑아 버리고 갈아엎어 버리기 일쑤입니다. 그러면 그럴수록 명아주의 질긴 생명력은 빛나 억세게 잘도 살아갑니다. 그래서인지 초등학교 교과서에 실리는 바람에 잡초로 유명세를 탔지요.
　만날 구박만 당하는 잡초 명아주가 청려장으로 변신하기까지는 공이 많이 들어갑니다. 서리를 2번 맞은 명아주를 뿌리째 뽑아 잘 다듬어 무려 9번씩이나 삶아 말려야 질기고 가벼운 청려장이 탄생합니다. 명아주 새싹이 푸르다고 푸를 청 자를 써 청려장이라 이름 지었는데, 도교에서는 쭈튼색이 영원함을 상징하고 장생불사를 나타낸다고 합니다.

이렇게 귀한 청려장은 중국 한나라 때부터 사용했습니다. 청려장 지팡이로 땅바닥을 치니 불빛이 환하게 일어났다는데, 그 불빛이 마귀를 물리친다고 여겼습니다. 신라 때에는 왕이 노인에게 "더욱 오래 사셔라." 하며 직접 하사했습니다. 〈본초강목〉에도 "청려장을 짚고 다니면 중풍이 안 걸린다."라고 했으니 요즘도 어르신들께 선물하기 딱 좋은 지팡이입니다. 몇 년 전 우리나라를 찾았던 영국의 여왕도 청려장을 선물로 받고선 '탐스럽고 가벼운 지팡이'라고 칭찬을 아끼지 않았을 정도니까요.

세상엔 꼭 빌붙어 사는 놈이 있는 법. 효행의 상징인 명품 청려장의 모태인 명아주엔 온갖 생명들이 뒤엉켜 삽니다. 특히 명아주 식당의 단골손님은 남생이잎벌레(딱정벌레목, 잎벌레과). 어찌 보면 명아주는 남생이잎벌레에게는 천국입니다. 먹여 주고 재워 주고 짝을 찾아 결혼도 시켜 주고 알 낳을 장소도 제공해 주니 말입니다. 그런데 녀석들은 죄를 지은 것도 아닌데, 꼭 잎사귀 뒤에서 꼭꼭 숨어서 식사를 합니다. 잎 하나를 들추면 얼마나 벌레들이 많았는지 입이 다물어지지 않습니다. 정말이지 아들, 손자, 며느리가 다 모여 가족회의라도 하는 것 같습니다. 녀석들은 죄다 한 군데에 진득하니 앉아 먹지 않고 버르장머리 없이 이리저리 옮겨 다니며 식사합니다. 그래서 녀석들이 먹고 난 잎사귀는 곰보처럼 구멍이 뽕뽕 파여 너덜너덜합니다.

어른 남생이잎벌레(몸길이 7밀리미터)는 이름 그대로 남생이를 닮았습니다. 더듬이만 내놓고 걸어 다니는 폼이 영락없는 남생이입니다. 하지만 아기 남생이잎벌레는 어른과는 달리 짚신같이 생겼습니다. 재밌게도 아기 남생

남생이잎벌레

1.알주머니 2.애벌레 3.번데기

이잎벌레는 좀처럼 몸을 드러내는 법이 없습니다. 애벌레 평생 동안 탈피할 때 벗었던 탈피각과 자신이 싼 똥을 등에 짊어지고 다니기 때문이지요. 다시 말하면 힘센 천적을 속이기 위해 똥이 섞인 허물 쓰레기를 짊어지고선 '난 쓰레기야. 맛없으니 먹지 마.' 하고 메시지를 보내고 있으니 과연 변장술의 대가입니다. 실제로 실험을 해 보니 허물 쓰레기를 뒤집어쓰고 있으면 개미가 지나가다가 '이건 뭐야? 쓰레기인가 봐.' 하고 갸우뚱거리며 지나칩니다. 1센티미터도 안 되는 벌레가 어떻게 그런 지혜를 터득했는지 기특하기만 합니다.

마흔 살에 나를 낳으시고 내 나이 마흔 되던 해에 떠나신 어머니. 내가 곤충학자가 된 것도 모르시고 갈 수 없는 머나먼 세상으로 가셨지요. 노환으로 거동이 불편해 돌아가실 즈음에 어머니는 지팡이에 몸을 의지하고 걸으셨습니다. 말이 지팡이지 '등산용 스틱'은 한사코 싫다며 매끈하게 다듬어진 미루나무 작대기를 짚으셨지요. 볕 좋은 날이면 작대기를 마루턱에 걸쳐 세워 두고 마루 위에 앉아 서울 간 자식들이 언제 오나 한없이 기다리던 어머니! 그 모습이 떠오를 때면 가슴이 미어져 눈물만 하염없이 줄줄 흐릅니다. 생물학자가 되어 명아주를 접하고서야 청려장의 진가를 안 나. 그 청려장을 그때 어머니께 선물해 드렸으면 얼마나 좋았을까…… 이미 가 버린 세월을 원망하고 또 원망합니다.

7. 연두저고리 다홍치마 입은
새노란실잠자리

전라도 신안군 앞바다에 둥실 떠 있는 섬, 밤이 되면 그 흔한 가로등이 하나도 없어 하늘에선 별비가 쏟아지고 땅 위에선 늦반딧불이가 쉬익쉬익 날며 불춤을 춥니다. 낮이면 가냘픈 실잠자리들이 살폿살폿 민들레 씨앗처럼 날아다닙니다. 아시아실잠자리, 노란실잠자리, 새노란실잠자리, 연분홍실잠자리, 참실잠자리…… 문득 최승호 시인이 양재천을 거닐며 마주친 실잠자리 시가 생각납니다.

마침 자박자박 물이 고인 둠벙 위를 새색시처럼 고운 새노란실잠자리가 황홀하게 날아다닙니다. 녀석을 제주도에서 만난 적은 있지만 전라도 섬에서 만난 건 처음입니다. 새노란실잠자리는 색깔이 하도 고와 한 번만 봐도 홀딱 반합니다. 초록색 저고리에 빨간색 치마를 입어 화사하기 그지없습니다. 지금이야 신부가 새하얀 드레스를 입고 결혼을 하지만 예전 신부들은 연두저고리에 다홍치마(녹의홍상綠衣紅裳)를 입고 시집을 갔지요. 그래서 갓 시집온 새색시만이 연두저고리에 다홍치마를 입는 특권을 가졌습니다. 아기를 낳아도 입을 수 없었고 나이가 들어 늙어도 입을 수 없었던, 오로지 새색시만이 입을 수 있었던 아리따운 녹의홍상을 평생 입고 사는 새노란실잠자리는 옷 복이 참 많습니다.

새노란실잠자리가 둠벙 주변의 물풀 사이를 헤치며 이리저리 춤추듯 날아다니니 풀숲이 환해집니다. 한 마리가 날아오니 다른 녀석은 이쪽 풀숲에서 날아오고, 또 다른 녀석은 저쪽 풀숲에서 날아오고…… 이쪽저쪽 사방 풀숲에서 송사리가 떼로 헤엄치듯 날아오니 마치 연못가에 빨간 폭죽이 펑펑 터지기라도 한 것처럼 둠벙 주변은 빛이 납니다. 몸색깔이 화려한 녀석들은 수컷인데, 이상하게 수컷만 눈에 확 띄고 도통 암컷은 보이지 않습니다. 한참을 찾아보니 암컷이 풀잎 위에 새초롬하게 앉아 있군요. 암컷의 몸색깔은 화려한 수컷과는 달리 푸르스름해 풀밭에 있으면 눈에 잘 안 띕니다. 알을 낳을 귀한 몸이라서 철저하게 보호색을 띠고 있기 때문입니다.

그래도 풀잎 위에 앉아 있는 암컷을 귀신처럼 찾아낸 수컷, 녀석은 재빠르게 암컷한테로 돌진해 배 꽁무니에 달려 있는 연탄집게 같은 날카로운 갈고리(파악기, 교미부속기)로 다짜고짜 암컷의 목을 꽉 잡습니다. 그러곤 수컷은 배 꽁무니에 암컷을 매단 채 바로 옆 부들 잎 위에 날아가 앉습니다. 암컷도 싫지 않은지 반항 한 번 하지 않고 수컷이 하는 대로 내버려둡니다. 사람으로 치면 수컷은 폭행죄에 걸려 큰 벌을 받을 텐데, 그들의 세계에선 일상적인 일인가 봅니다.

새노란실잠자리

   부들 잎으로 자리를 옮긴 녀석들은 본격적인 짝짓기 작업에 들어갑니다. 그런데 짝짓기 자세가 희한합니다. 서로 배 꽁무니를 마주대는 게 아니라 하트 모양을 만드는군요. 즉 암컷은 배를 둥글게 구부려 수컷의 배(2~3번째 배마디에 있는 보조생식기)에다 자신의 배 꽁무니(생식기)를 갖다 댑니다. 여전히 수컷의 배 꽁무니에는 암컷의 머리가 매달려 있습니다. 그러니 아름다운 하트 모양이 만들어집니다. 짝짓기를 하다가도 위험하다 싶으면 하트 모양을 유지한 채 휘익 날아 다른 풀잎 위로 도망가 앉습니다.

   누가 하트 모양을 만들며 짝짓기 하는 잠자리들을 보며 "어찌 저리도 낭만적인 사랑을 할까나." 했나요. 천만에 말씀입니다. 알고 보면 낭만이 아니

새노란실잠자리 짝짓기

라 인내심이 필요한 고통스러운 자세입니다. 수컷은 배 꽁무니에 무거운 암컷 목을 달고 다녀야 하고, 암컷은 수컷의 배 꽁무니에 목덜미를 잡힌 채 끌려다니며 배를 구부린 자세로 공중에서 짝짓기를 해야 하니 말입니다. 그래도 자손을 얻기 위해선 다 참아야 할밖에 별 도리가 없습니다.

수컷의 엽기적 행각은 여기서 멈추지 않습니다. 짝짓기를 마쳤는데도 수컷은 암컷을 놓아주지 않습니다. 여전히 수컷은 암컷의 목덜미를 배 꽁무니로 꿰어 차고 연못으로 날아갑니다. 아무리 힘센 수컷이라도 암컷을 배 끝에 매달고 공중을 날아 연못까지 가는 건 중노동입니다. 한 번에 날아서 연못에 못 가고 여러 번 풀잎에 앉아 쉬었다 날고 또 다른 풀에 앉았다 날기를

알 낳으러 연못에 도착

반복한 끝에 연못에 도착합니다. 수컷은 물 위에 떠 있는 물풀 잎 위에 암컷을 매단 채 똑바로 서서 균형을 잡고 앉습니다. 이제 암컷이 알 낳을 차례. 암컷은 배 꽁무니에 있는 산란관을 물속 식물에다 집어넣고 수중분만을 합니다. 암컷의 산란관은 뾰족하여 붕어말이나 검정말 같은 물속 식물의 조직을 질근질근 뚫고 알을 낳습니다. 다 낳으면 바로 옆으로 날아가 또 알을 낳고 또 날아가 알을 낳고…… 알 낳는 자세가 얼마나 힘겨워 보이는지 안쓰럽기만 합니다. 암컷의 목을 꽉 붙든 채 암컷이 알을 잘 낳게 균형을 잡아 주느라 낑낑대는 수컷도 안쓰럽고, 수컷에게 목덜미를 잡힌 채 배 끝을 물풀 속에 집어넣고 알 낳는 암컷도 안쓰럽고.

연못에서 알을 낳는 중

    이렇게 수컷은 암컷이 알을 다 낳을 때까지 암컷의 목덜미를 잡고 끌고 다닙니다. 왜 그럴까요? 한마디로 정자전쟁이지요. 수컷은 다른 수컷이 자신의 신부한테 접근하지 못하게 아예 신부를 데리고 다닙니다. 본능적으로 대부분의 곤충들은 수컷은 여러 암컷과, 암컷은 여러 수컷과 짝짓기를 합니다. 우수한 유전자를 확보하기 위해서지요. 더 신기한 것은 암컷의 저정낭(정자를 보관하는 주머니)에 보관된 수컷의 정자는 알을 수정시킬 때 하나씩 쓰는데, 문제는 나중에 짝짓기 한 수컷의 정자가 맨 먼저 쓰입니다. 그러다 보니 종종 나중에 짝짓기 한 수컷은 이미 암컷의 저정낭 속에 먼저 들어와 있는 다른 수컷의 정자를 깨끗이 파내고 자신의 정자를 집어넣기도 합니다.

사람의 입장으론 파렴치한 행동이지만 잠자리 입장에선 무혈혁명으로 자신의 유전자를 퍼뜨릴 수 있는 좋은 기회지요.

이런 경우는 새들의 세계에서도 종종 볼 수 있습니다. 바위종다리는 짝짓기에 들어가기 전에 이미 짝짓기 한 암컷의 생식기 부분을 자꾸 부리로 쪼아 댑니다. 그러면 암컷의 생식기에서는 이전의 수컷으로부터 받은 정자가 토하듯이 밖으로 나옵니다. 그러면 비로소 수컷 바위종다리는 짝짓기 작업을 합니다. 노란실잠자리나 바위종다리나 모두 자신의 유전자에 무섭게 집착하지요. 그러니 자신의 정자를 지키기 위해선 짝짓기 할 때부터 알을 낳을 때까지 암컷을 데리고 다니며 지켜야 합니다. 암컷이 귀찮아 하든 말든 그건 상관하지 않고 말이지요. 자신의 유전자를 대대손손 물려주기 위한 새노란실잠자리의 집착은 암만 봐도 병적일 만큼 지독합니다.

이처럼 해괴한 행동을 하는 새노란실잠자리는 어른벌레와 애벌레가 사는 곳이 각각 다릅니다. 애벌레 시절은 물속에서 살고 어른벌레는 육상에서 삽니다. 따지고 보면 '곤충계의 양서류'인 셈입니다. 놀랍게도 물속에서만 사는 애벌레가 무려 10번 정도나 허물을 벗어야만 어른 새노란실잠자리가 된다니 놀랍기만 합니다. 따뜻한 남쪽에서만 사는 새노란실잠자리, 개발 몸살에 자그마한 연못과 둠벙들이 야금야금 사라지고 때만 되면 농약 세례가 쏟아지니 녀석들은 점점 보금자리를 잃어 가고 있습니다. 아리따운 새색시 새노란실잠자리를 오래오래 보고 싶습니다.

8. 하얀 웨딩드레스 입은
신부날개매미충

이제는 '개팔자가 상팔자'인 시대입니다. 중국 쓰촨(四川)성에 사는 개 주인이 개를 너무 사랑한 나머지 개 호화 결혼식을 올려 주었답니다. 예복을 차려 입은 신랑 개가 보드를 타고 당당하게 결혼식장에 입장했습니다. 들러리 개들도 신랑 개의 뒤를 따랐고 공중에선 색종이 가루도 뿌렸습니다. 심지어 신랑 개는 신부 개에게 주려고 예물을 무려 16개 상자나 준비했습니다. 한술 더 떠 신랑 개는 30킬로미터나 되는 거리를 가마를 타고 식장에 갔는데, 그것도 사람 네 명이 메는 가마를 탔다니 기도 안 막힙니다. 물론 신부 개도 하얀 드레스를 입었을 텐데, 그 모습이 어떨지 상상만 해도 웃음이 납니다. 그 덕에 개 주인은 구설수에 올라 사람들의 눈총을 엄청 받았지요. 문득 장가도 못 가고 평생 홀아비로 살다 지금은 할아버지가 되어 밤낮 잠만 자는 우리집 강아지, 몽치한테 미안해집니다.

개도 하얀 면사포를 쓰는데, 곤충이라고 하얀 드레스를 입지 말라는 법

신부날개매미충 애벌레

이 없습니다. 족보로는 매미 가족(노린재목, 매미아목)인 아기 신부날개매미충이 그 주인공입니다. 신부날개매미충은 얼마나 하얀 드레스를 입고 싶었으면 아직 결혼 적령기도 안 되었는데, 아기 때부터 하얀 드레스를 입고 살까요?

신부날개매미충은 풀이고 나무고 할 것 없이 식물이란 식물은 다 찾아다니며 즙을 쪽쪽 빨아 먹고 살아 농부들의 가슴을 태웁니다. 농사일을 거들지는 못 할 망정 허구한 날 밭이나 과수원에 들어와 신선한 식물즙을 쭉쭉 빨아 대니 보통 골칫거리가 아닙니다. 특히 인삼 농가에서는 녀석만 보면 치를 떱니다. 인삼마다 주둥이를 꽂고 즙을 먹어 대니 건강했던 인삼이 점점 약해져 시름시름 앓기 때문이지요. 더 큰 문제는 2차 병균 감염입니다. 녀석들이 빨아먹은 식물 줄기 속으로 바이러스나 균들이 들어가 그을음병이 생길 수도 있습니다. 이래저래 온갖 미운 짓을 다하니 '해충' 취급 받지만 생긴 것 하나는 해맑고 예뻐 보는 사람마다 탄성을 지릅니다.

장마가 잠시 멈칫거리는 틈을 타 공원의 산책길을 걷는데, 뽕나무의 연한 줄기에 새하얀 솜뭉치가 붙어 있습니다. 한두 개가 아닙니다. 가느다란 나뭇가지에 수십 개도 넘게 쭈르륵 줄을 맞춰 다닥다닥 붙어 있네요. 그런데 그 솜뭉치가 살살 움직입니다. 누군가 솜뭉치를 뒤집어쓴 게 분명한데 도대체 얼굴을 보여 주지 않습니다. 자세히 보니 해충으로 유명세를 탄 아기 신부날개매미충이군요. 지금 녀석들은 식사 중. 떼로 사이좋게 모여 뽕나무 즙으로 요기를 하고 있습니다. 그런데 녀석의 자태가 얼마나 예쁘고 깜찍한지 한눈에 반해 버렸습니다.

죄다 꼬리(배 끝)에 하얀 솜털 뭉치를 달고 있는데, 솜털 뭉치를 우산처럼 방사상으로 활짝 펼치고 앉아 있습니다. 재밌게도 하얀 솜뭉치 우산이 녀석들의 몸뚱이를 완전히 가리고 있으니 얼굴은 구경도 못합니다. 수십 가닥의 실들이 모여 만들어진 솜뭉치 우산은 비단 뺨칠 정도로 솜사탕처럼 보드랍

1. 털뭉치를 접은 애벌레 2. 어른벌레

고 자르르 윤기가 납니다. 슬그머니 솜뭉치 우산을 떠드니 번갯불에 콩 볶듯이 재빠르게 '슝~~' 포물선을 그리며 튀어 달아납니다. 한 녀석이 도망가자 다른 녀석들도 차례로 '슝~슝~슝~' 튀어 눈 깜짝할 사이에 도망칩니다. 얼마나 멀리뛰기를 잘하는지 녀석은 벌써 저쪽 나뭇잎 위에 앉아 있는데, 마치 요정 같이 깜찍합니다. 이번에는 아까와는 달리 솜뭉치를 우산처럼 접고 있는데, 접은 솜뭉치가 얼마나 긴지 제 몸보다 더 깁니다. 그 덕에 녀석의 몸매가 확 드러납니다. 아름다운 물고기처럼 유려한 몸에다 배 끝에 달린 하얀 솜뭉치 우산을 뒤쪽으로 쫙 펼치고 있으니 새하얀 웨딩드레스를 입은 신부가 따로 없습니다. 얼마나 자태가 아름다운지 감탄사만 연발합니다. 그래서 녀석의 이름을 신부날개매미충이라 부르니 무릎이 탁 쳐집니다.

아기 신부날개매미충은 겁이 많습니다. 눈치는 9단이라서 이상한 낌새가 감지되면 순간적으로 달아납니다. '걸음아, 나 살려라!' 하며 도망치지만 제 눈에는 '피용~~' 튀는 모습이 마치 귀여운 요정이 하얀 빗자루를 타고 가는 것처럼 멋집니다. 실은 솜뭉치 우산이 우리에겐 새하얀 웨딩드레스처럼 아름답게 보이지만 신부날개매미충에겐 자신을 지키는 무기입니다. 힘도 없고 날개도 없는 녀석이 천적과 맞닥뜨렸다간 힘 한 번 못 써 보고 꼼짝없이 당합니다. 그나마 솜뭉치를 만들어 요정이 타고 다니는 빗자루처럼 꼬리에 붙이고 다녀 목숨은 건집니다. 천적을 만나면 접은 솜뭉치 우산을 타고 멀리 달아나면 되니까요. 또한 솜뭉치 덕분에 햇빛에서 쏟아지는 자외선도 피할 수 있고 쓰레기처럼 위장할 수 있으니 솜뭉치는 생명의 수호신입니다.

 못된 짓을 한다고 천대를 받든 예쁘다고 찬사를 받든 녀석들은 열심히 신선한 식물즙을 먹으면 몸을 키웁니다. 아기 신부날개매미충은 무럭무럭 자라다가 무더운 여름날에 어른으로 부활합니다. 우월한 유전자를 가진 덕에 어른 신부날개매미충도 아기 못지않게 예쁘기는 마찬가지. 특이하게 어른이 되어서는 아기 때 입었던 새하얀 웨딩드레스를 입지 않습니다. 그 대신 과감하게 속이 다 비치는 망사 날개옷을 입고 사는데, 날개가 얼마나 투명한지 속살이 다 보입니다. 해충 신세가 되어 구박받다 언제 어느 때 사라질지 모르지만 녀석들은 오늘도 씩씩하게 살아갑니다. 살아 있는 것은 그 자체가 아름답습니다.

2장_
버섯과 열매 보양식 먹는 곤충

1. 마약을 먹고 사는
알락애버섯벌레

 말도 많고 탈도 많았던 프로포폴. 한참 전에 이름만 대면 다 아는 여배우들이 프로포폴 주사를 맞은 대가로 실형을 선고받더니 이번에는 여자 연예인의 프로포폴 사건에 한 검사가 연루되었다는 뉴스가 인터넷 공간을 도배합니다. 또한 몇 년 전에는 모 산부인과 의사가 절친이었던 여성에게 프로포폴과 마취제를 섞어 주사하는 바람에 그 여성이 사망한 사건도 있었지요. 심지어 팝의 황제이자 전설인 마이클 잭슨까지 이른바 '우유주사'라고 부르는 프로포폴 주사를 맞고 급성 중독으로 세상을 떠나기까지 했으니 프로포폴은 함부로 쓸 약이 아닙니다. 유명 인사나 연예인이 연관되다 보니 많은 사람들의 이목이 집중된 프로포폴. 프로포폴은 수술 시 수면을 유도하는 마약류 의약품이니 잘 쓰면 약이지만 잘못 쓰면 중독 증상에 목숨까지 앗아가니 독이 되는 마약인 셈입니다.
 재밌게도 어떤 곤충들은 마약을 대놓고 먹고 삽니다. 바로 마약 성분을 품고 있는 갈황색미치광이버섯을 먹고 사는 곤충들입니다. 이 녀석들은 평생 마약을 먹어도 사람들처럼 중독도 안 되고 환각 증상도 안 일어나고 목숨을 잃지도 않고 심지어 법의 처벌도 받지 않습니다.

갈황색미치광이버섯, 이름만 들어도 심상치 않은데, 한마디로 독버섯입니다. 이 버섯의 색깔은 갈색 빛이 도는 황토색인데, 갓의 윗면은 벨벳같이 부드러워 독을 품고 있을 거라곤 상상이 안 됩니다. 코를 대고 냄새를 맡아 보니 아무런 냄새도 나지 않습니다. 먹어 본 사람들에 따르면 쓴맛이 난다는데, 실제로 겁이 나서 먹어 보지는 못했습니다. 놀랍게도 갈황색미치광이버섯에는 독 물질인 실로시빈^{psilocybin}류가 들어 있습니다. 실로시빈류 독 물질은 사람의 신경을 자극하기 때문에 잘못 먹었다가는 정신이 몽롱하게 되고 신경에 이상이 생겨 환각 증상이 일어나기까지 합니다. 그래서 이 버섯을 먹고 발작이 일어나면 실성한 것처럼 끊임없이 웃어 댑니다. 날아갈 듯이 즐거운 마음으로 꿈과 환상의 세계에 도취하게 되니 어떤 이는 '신의 버섯'이라고 말하지만 엄밀하게 따지면 몽롱한 세계로 빠져들어 마치 꿈을 꾸듯이 황홀지경에 빠지게 하니 마약 버섯인 셈입니다. 정말 그런지 한 번 먹고 싶었지만 실성할까 봐 꾹 참습니다.

이런 환각 증상을 일으키는 버섯들은 여럿 있습니다. 실제로 중남미 지역에서는 무당이 이런 버섯을 먹고 환각 상태에 빠져 무속 의식을 치르기도 하고 때로는 병을 치료할 때도 쓰입니다. 아프리카의 어떤 원주민의 추장은 환각성 버섯을 먹은 뒤 신의 계시를 받았다고 위장하고 주민을 다스린다고도 합니다. 다행히도 갈황색미치광이버섯의 독 물질은 치명적이지 않아서

갈황색미치광이 버섯과 알락애버섯벌레

중독되었다 해도 얼마간의 시간이 지나면 절로 낫습니다. 어쨌든 먹으면 저절로 웃음이 쏟아진다니 먹고픈 호기심이 발동되는 버섯입니다.

　이런 독이 있는 갈황색미치광이버섯을 먹는 곤충이 있을까요? 물론 있습니다. 갈황색미치광이버섯을 살살 들춰 보면 알락애버섯벌레, 파리류, 밑빠진버섯벌레류, 톡토기 등 많은 곤충들이 잔칫상에 초대된 것인 양 식사를 하다가 화들짝 놀라 잽싸게 주름살 속으로 쏘옥 숨어 버립니다. 주름살을 헤집어 보면 겁먹은 녀석들이 이리저리 도망치느라 북새통입니다. 그 가운데 알락애버섯벌레는 꼭 버섯만 먹어야 사는 딱정벌레목 식구로 빠르기로 따지면 곤충계의 단거리 선수라 할 만큼 걸음걸이가 굉장히 빠릅니다. 눈 깜짝할 사이에 도망가 숨어 버리는 통에 보통 인내심으론 녀석을 관찰할 수 없을 정도입니다. 몸집은 깨알만큼 작지만 갈색 딱지날개엔 붉은색 무늬가 알록달록 그려져 있어 앙증맞고 귀엽습니다. 알락애버섯벌레는 미치광이버섯에서 살면서 맘에 드는 짝을 만나 결혼을 하고 알도 낳습니다. 알에서 깨어난 아기 알락애버섯벌레 또한 독버섯인 미치광이버섯을 평생 먹고 살면서 대를 이어 갑니다. 다만 녀석의 한 살이가 돌아가는 데는 최소한 한 달 정도 걸리기 때문에 잘 마른 미치광이버섯이어야만 살아남을 수 있고, 마르지 않은 축축한 버섯에서는 버섯이 썩어 녹아 버려 먹이가 부족해 죽어 버리기 일쑤니 살아남는 게 만만치 않습니다.

하지만 파리는 잘 마르지 않은 미치광이버섯에서도 잘 살아갑니다. 영리하게도 파리들은 버섯의 갓이 채 퍼지기도 전에 날아와 단단한 버섯자루나 살이 두툼한 갓의 중앙 부분에 알을 낳습니다. 이 부분은 천천히 썩기 때문에 애벌레가 살아가기에 훨씬 유리하기 때문이지요. 더구나 파리는 일주일도 안 되는 짧은 애벌레 시절만 버섯에서 살고 번데기는 땅속으로 들어가 만들기 때문에 수명이 길어 봤자 사나흘밖에 안 되는, 쉽게 썩는 미치광이버섯이라 해도 대를 이으며 살아가는 데 아무런 문제가 없습니다.

사람들과 다르게 곤충들은 갈황색미치광이버섯을 먹어도 실성하지도 않고 웃어 대시도 않고 환각 증상도 일어나지 않습니다. 즉 곤충은 사람들의 잣내로 분류한 독버섯을 먹어도 죽지 않습니다. 버섯의 입장에서 보면 곤충들보다는 되레 사람과 포유동물이 훨씬 심각한 천적일 수도 있습니다. 대

1. 갈황색미치광이버섯 2. 갈황색미치광이버섯을 먹는 파리류 애벌레와 3. 밑빠진벌레류

부분의 곤충들은 버섯 포자를 성실히 퍼뜨려 주지만 사람과 포유동물은 그 정반대의 역할을 합니다. 무더기로 난 버섯조차도 하나도 남기지 않고 통째로 따 먹거나 훼손하기 때문에 버섯의 씨앗 격인 포자의 생산이나 포자 터뜨리는 작업을 방해하기 때문입니다. 그래서 버섯이 품은 독 물질은 곤충보다는 포유동물을 공격하는 쪽으로 적응하며 진화해 온 것으로 짐작됩니다. 아마도 버섯은 자신의 종족 보존을 위해서는 사람과 포유동물만 물리치면 된다고 생각했나 봅니다. 사정이야 어찌되었든 곤충에게 독버섯은 그저 맛있는 밥일 뿐입니다.

2. 구수한 팥으로 배 채우는
팥바구미

오늘은 동지입니다. 동지를 지나면 점점 낮이 길어지니 옛 어른들은 '작은 설'이라며 경사스런 날로 여겼지요. 동지하면 뭐니 뭐니 해도 팥죽입니다. 김이 모락모락 나는 팥죽은 맛만 좋은 게 아니라 질병이나 악귀 같은 액운을 몰아내는 액막이도 해 준다 해서 인기가 많습니다.

팥죽 얘기가 나오니 얼마 전 우리 집에서 판을 쳤던 곤충이 생각납니다. 화장실이며 거실이며 주방이며 가리지 않고 포르르 날았다 앉고 또 날았다 앉고…… 워낙 곤충들과 함께 사니 그러려니 하지만 날아다니는 폼이 둔한 게 예사롭지 않습니다. 누굴까? 나방일까? 집안을 헤집고 다니는 녀석을 졸졸 쫓아다니니 지레 겁을 먹고 바닥에 뚝 떨어집니다. 얼른 보니 더듬이랑 여섯 다리를 모두 배 쪽에 오그려 붙이고 발라당 뒤집혀 누워 있습니다. '어라? 팥바구미네. 도대체 어디서 나왔지?'

팥바구미는 이름 그대로 팥을 먹고 사는 녀석인데…… 우리 집에 팥이 있

팥바구미

었나? 집안 살림엔 젬병이라 팥을 언제 사다 놓았는지 기억이 가물가물합니다. 주방을 홀딱 뒤지니 과연 싱크대 서랍 속에 팥 한 봉지가 얌전히 앉아 있습니다. 에구머니! 팥 봉지 속에 깨알 같은 팥바구미들이 바글바글! 그야말로 '팥 반 팥바구미 반'입니다.

팥은 2천 년 중국에서 살다가 우리나라에 정착해 우리의 귀한 식량이 된 지 오래입니다. 그 팥을 오래전부터 평생 먹고 사는 곤충은 다름 아닌 팥바구미. 농부들이 일 년 내내 힘들여 가꾼 그 팥을 얌체처럼 몰래몰래 훔쳐먹으니 팥바구미는 사람들에겐 눈엣가시입니다.

팥바구미는 딱지날개가 딱딱한 딱정벌레목 가문 중에서 콩을 주로 먹고 사는 콩바구미과 집안 식구입니다. '바구미'란 말이 들어가니 주둥이가 코끼리처럼 길게 늘어난 '바구미과' 가족이라고 생각하겠지만 그건 오해입니다. 콩바구미과와 바구미과는 족보가 엄연히 다릅니다. 콩바구미는 우리가 잘 아는 하늘소류나 잎벌레류와 가까운 친척뻘이 되지만 이름만 비슷한 바구미와는 촌수가 한참 먼 남남입니다. 그건 주둥이 모양도 다르고 더듬이 모양도 다르고 알 낳는 습성도 다르기 때문입니다.

어른 팥바구미는 키가 아무리 커 봤자 3밀리미터밖에 안 되는 데다 생긴 것도 몽당연필처럼 짜리몽땅해 볼품이 좀 없습니다. 몸색깔은 불그스름한 보호색을 띠어 팥 속에 있으면 팥인지 벌레인지 구분이 잘 안 갑니다. 작아도 있을 건 다 있는데, 특히 수컷의 더듬이는 빗살처럼 쭉쭉 갈라진 게 영락없이 사슴뿔처럼 생겨 남성미가 넘칩니다. 어른 팥바구미는 수명이 짧아 열흘도 못 되는 짧은 생을 살면서 알을 낳고 죽습니다.

여름날 콩들이 여물 즈음 팥바구미 암컷은 능력이 닿는 데까지 많은 수컷과 짝짓기를 하고 알을 잘 여문 팥이나 꼬투리 위에 낳습니다. 그런데 녀석의 알 낳는 기술은 굉장히 특이합니다. 팥 표면에 아주 작은 알을 낳고선 산란관 옆에 있는 부속샘에서 순간접착제 같은 물질을 내어 알을 코팅하듯이 완전히 덮습니다. 그러면 바람이 불고 비가 들이쳐도 알이 팥 표면에서 떨어지지 않습니다. 하나 낳고 또 하나 더 낳고⋯⋯ 그렇게 일일이 정성들여 낳은 알이 80개나 되니 엄마 팥바구미의 등골은 휘어집니다.

일주일이 지나자 알에서 아기 팥바구미가 깨어나는데, 코팅된 하얀 분비물에 숨겨져 있어 아기가 깨어났는지 보이지 않습니다. 아무튼 갓 태어

1.팥바구미의 먹이 새팥 2.팥바구미 애벌레

난 아기는 팥 표면을 강인한 주둥이로 갉고선 팥 속으로 파고 들어가 뒹굴뒹굴하며 팥 만찬을 즐깁니다. 거의 이동하지 않고 편안히 앉아 보름 정도 팥 속을 파먹고 쑥쑥 자랍니다. 다 자라면 아기가 자라던 방에서 번데기가 되고 보름 후 어른으로 변신해 팥 밖으로 탈출합니다.

아기 팥바구미에겐 미안하지만 녀석이 세 들어 살고 있는 팥알 하나를 살살 쪼개 봅니다. 과연 하얀 솜사탕처럼 말랑말랑한 아기가 태평하게 팥 속을 파먹고 있습니다. 그런데 한 마리가 아닙니다. '세상에, 그 조그만 팥알 하나에 세 마리씩이나 들어앉아 사이좋게 만찬을 즐기다니! 콩 한쪽도 나눠 먹자는 말이 그냥 나온 말이 아니었구나.' 갑자기 올 겨울에도 '땡그랑 땡~ 땡그랑 땡~' 하고 청아하게 울리는 구세군의 자선냄비 종소리가 귓가에 빙빙 돕니다. 올해도 잊지 않고 자선냄비를 찾아야겠습니다.✿

3. 파리들의 보약
노랑망태버섯

지난 주말에는 대학로에서 모임이 있어 나갔다가 시간도 때울 겸 머리도 식힐 겸 혜화동에 있는 짚풀 박물관에 들렀습니다. 그곳에선 볏짚, 보릿짚, 밀짚, 칡 등으로 만든 작품들이 정갈하게 전시되어 있습니다. 불과 30년 전만 해도 시골집에서 볼 수 있었던 물건들을 박물관에서 '작품'으로 대하니 감회가 새롭습니다. 농한기를 이용해 가을 추수를 하고 남은 짚풀을 이용해 각양각색의 생활 용구를 만들어 쓴 어른들의 솜씨에 감탄을 합니다. 어린 시절 농삿집에서 자라서인지 유난히 농사지을 때 부모님께서 쓰셨던 물건에 눈이 갑니다. 삼태기, 멍석, 가마니, 키, 광주리, 씨앗 망태기, 술병 망태기 등등. 그 가운데 부모님께서는 일 년 농사지을 씨앗을 보관했던 씨앗 망태기를 소중히 간직하셨지요. 지금이야 플라스틱 그릇이 흔해 빠졌지만 예전에는 그릇이 귀하던 시절이라 짚을 꼰 새끼로 얼기설기 엮어 만든 망태기가 그릇 역할을 톡톡히 했지요. 망태기를 엮는 데 이용한 풀 종류가 자그

마치 백여 종류나 된다는데, 다 자연에서 재료를 찾아서 마음 가는 대로 물건을 만들어 썼던 시절의 얘기입니다. 그런 망태기를 보니 문득 노랑망태버섯이 떠오릅니다.

습한 여름, 노랑망태버섯이 숲 바닥에서 홀연히 피어납니다. 속이 훤히 다 보이는 노란 망사 천으로 치마를 만들어 입은 노랑망태버섯! 얼마나 예쁜지 노란 드레스를 입은 요정 같습니다. 그런데 생긴 것과는 달리 노랑망태버섯은 성미가 굉장히 급합니다. 모든 게 '초고속', '빨리빨리'입니다. 버섯이 피어나는 데 한나절밖에 안 걸리고 태어나서 7시간 만에 죽으니 이보다 더 '속성'일 수는 없습니다. 한마디로 노랑망태버섯은 '짧고 굵게' 삽니다.

노랑망태버섯의 일생은 새벽에 시작하는데, 해가 뜨기도 전인 이른 아침에 새나 뱀처럼 알에서 태어납니다. 버섯으로 태어나기 전까지는 달걀 같은 알 모양으로 땅속에 꼭꼭 묻혀 있다가 비가 내려 땅바닥이 축축해지면 비로소 알은 땅을 뚫고 서서히 땅 위로 솟아오르는 것이지요. 흙을 비집고 올라온 알에서는 아기 주먹만 한 머리(갓)가 불쑥 나오는데, 갓은 부처님 머리처럼 곱슬곱슬하고 진흙처럼 끈적이는 점액질을 덕지덕지 붙이고 있습니다. 곧이어 하얀 자루가 순식간에 15센티미터가 될 정도로 거침없이 쑥쑥 자라 올라옵니다. 그런데 재밌는 일이 벌어집니다. 갓 아래쪽에서 뭉쳐진 노란 천이 나오는가 싶더니 이내 무대의 커튼이 천장에서 내려오듯이 노란 망사 치마가 천천히 활짝 펼쳐집니다. 그 모습이 얼마나 아름다운지 두 눈이 휘둥그레집니다. 놀랍게도 알에서 망사 드레스 입은 노랑망태버섯으로 태어나기까지 약 4시간밖에 안 걸립니다. 그러니 노랑망태버섯은 식물과 버섯

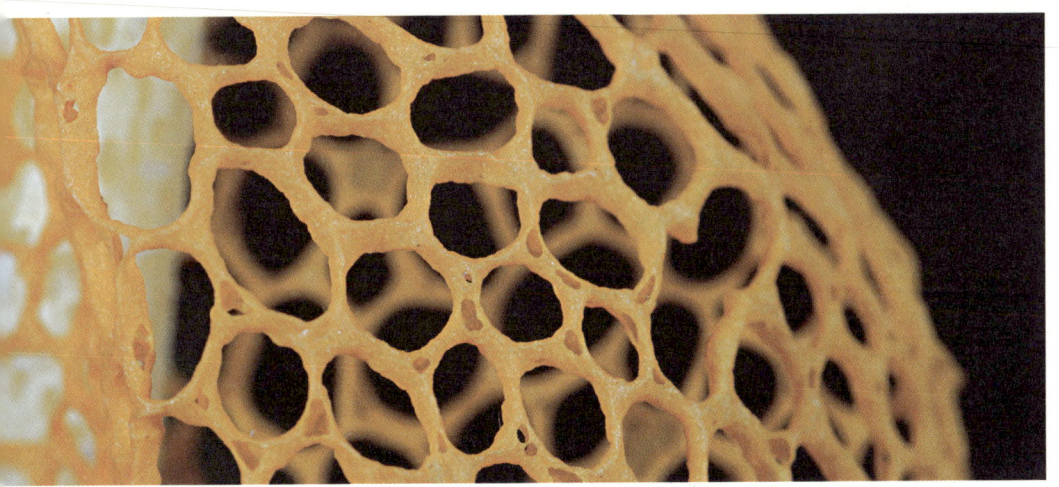

노랑망태버섯

을 통틀어 가장 빨리 자라는 생물입니다.

 노랑망태버섯이 피어나자 이때를 기다렸다는 듯이 파리들이 윙윙거리며 날아옵니다. 초파리, 검정파리, 똥파리, 쉬파리 등 파리란 파리는 다 모여 한바탕 식사를 합니다. 노랑 망사의 젤라틴도 먹고 갓에 진흙처럼 묻어 있는 점액 물질도 먹고 심지어 점액 물질 속에 들어 있는 포자까지도 먹습니다. 영양가로 치자면 노랑망태버섯은 초파리들에게 최고의 보약인 셈입니다. 노랑망태버섯은 동물처럼 움직일 수 없어 오도 가도 못하는 신세라 자신을 찾아오는 파리들을 대환영합니다. 그래서 파리들에게 맛있는 밥상을 아낌없이 차려 주면서 어서 다른 곳으로 날아가 자신의 자손(포자)을 퍼뜨려 주

1. 노랑망태버섯의 갈라지는 알 2. 노랑망태버섯
3. 썩은 노랑망태버섯을 먹는 파리류

길 간절히 소망합니다.

세상에 공짜 밥은 없는 법. 이에 보답이라도 하듯이 파리들은 노랑망태버섯이 차려 준 밥을 배부르게 먹은 뒤 다른 곳으로 날아가서 자신의 몸에 붙은 포자를 퍼뜨려 중매를 해 줍니다.

요정같이 아름다운 노랑망태버섯. 모든 게 속성이다 보니 죽는 것도 한순간입니다. 아침나절에 태어난 노랑망태버섯은 해가 중천에 떠오르자 시름시름 힘을 잃어 가며 죽음을 기다립니다. 이윽고 탱탱하게 펴졌던 노란 망사 치마가 서서히 쭈그러들고 꼿꼿했던 버섯 자루가 바람 빠진 풍선처럼 힘이 빠져 갑니다. 요정 같았던 망사 치마는 축 쳐져 땅으로 내려앉기도 하고 버섯 자루에 달라붙기도 합니다. 버섯 자루도 힘을 더 이상 못 쓰고 '픽' 거꾸러져 땅에 털썩 눕습니다. 땅에는 그 아름답던 요정은 온데간데없고 축 늘어져 죽은 노랑망태버섯만이 있습니다. 죽은 노랑망태버섯에선 지독하게 썩는 냄새가 진동합니다. 길어 봤자 하루도 못 사는 버섯…… 그래도 포자는 멀리 퍼뜨렸으니 죽어도 한이 없습니다. 미인박명이란 말이 버섯 세계에서도 통하나 봅니다.

그런데 노랑망태버섯은 죽어서도 편치 못합니다. 야속하게도 송장벌레들이 '이때다!' 하고 죽은 노랑망태버섯에게 몰려듭니다. 말 그대로 시체 전문가 송장벌레가 썩으면서 내는 노랑망태버섯의 고약한 냄새를 맡고 한걸음에 달려와 죽은 노랑망태버섯을 먹어 치우기 시작합니다. 썩은 버섯 속에는 아직 분해되지 않은 영양 물질이 남아 있기 때문에 송장벌레에게 죽은 버섯이 최고의 만찬입니다. 이렇게 짧게 살다 죽어서까지 노랑망태버섯은 다른 생물의 영양밥이 되어 주니 살신성인이 따로 없습니다. 그저 예쁜 줄만 알았던 노랑망태버섯에게 이렇게 딸린 식구가 많다니! 역시 자연의 세계란 빈틈이 없이 착착 잘 돌아갑니다.

지구의 역사를 하루로 본다면 인간은 태어난 지 몇 초밖에 안 되는 동물입니다. 더구나 사라지는 데 걸리는 시간도 몇 초밖에 안 걸린다는 게 생물학자들의 생각입니다. 그에 비하면 노랑망태버섯의 수명은 계산할 수 없을 만큼 찰나에 불과해 어쩌면 가장 짧고 굵게 살다 가는 생물일 수도 있습니다.

4. 불로초를 먹고 사는
살짝수염벌레

가을이 훌쩍 떠나갑니다. 그새 나무들이 울긋불긋 물든 잎사귀를 하나둘 떨굽니다. 오랜만에 찾은 경복궁. 느릿느릿 걸으며 자경전 꽃담을 구경합니다. 마치 나무, 나비, 풀과 꽃이 아름답게 그려진 초충도 병풍을 보는 것 같습니다. 샛문을 지나 뒷마당에 들어가니 멋스러운 굴뚝이 눈에 들어옵니다. 굴뚝엔 대왕대비의 무병장수를 기원하는 십장생이 오롯이 그려져 있군요. 사슴, 학, 거북이, 소나무, 대나무, 바위, 물, 구름, 태양 그리고 소나무 밑에 불로초까지. 늙지 않고 오래오래 산다는 전설적인 생물과 무생물들이 총출동했습니다. 그 가운데 사람 몸에 좋다고 소문이 자자한 불로초가 유난히 제 눈에 띕니다. 소나무에 그려져 뭐하긴 하지만 영락없는 불로초입니다. 불로초는 영지라고도 부르는데, 원래 영지는 참나무류 같은 활엽수 나무 밑둥치나 그루터기에 많이 납니다.

예로부터 우리나라와 중국에서는 십장생을 불로장수의 상징처럼 여겨 왔

살짝수염버섯벌레류

습니다. 그래서 병풍이나 베개에 십장생을 그리거나 수를 한 땀 한 땀 놓아서 무병장수를 기원했는데, 불로초도 장수를 상징하는 십장생에 들어갑니다. 그런데 그 불로초는 시대를 불문하고 불로장생의 명약으로 알려져 왔지요. 우리나라뿐만 아니라 가까운 중국, 일본 등 동아시아 지역에서도 옛날부터 영지를 신령스런 버섯으로 떠받들었습니다. 중국에서는 신령스럽다고 해서 '영지靈芝'라고 불렀고, 우리나라에서는 늙지 않고 오래오래 산다 해서 '불로초'라 불렀고, 북한에서는 '만년萬年버섯' 또는 '장수버섯'이라고 부릅니다. 이들 이름 속에는 공통적으로 '늙지 않는다', '오래 산다', '신령스럽다'란 말이 들어 있으니 예나 지금이나 오래 살고자 하는 소망은 인간의 오랜 바람인가 봅니다.

영지가 '영험한 신'으로 대접받는 이유는 약효가 뛰어나기 때문입니다. 암 같은 병을 치료해 주고, 면역력도 높여 주고 게다가 아무리 많이 먹어도 부작용도 없다니 '버섯 중의 버섯'이지요. 실제로 영지에는 암을 막아 주는 '항암물질'이 굉장히 많이 들어 있는데, 특히 베타글루칸$^{b-glucan}$은 우리 몸의 면역력을 높여 줍니다. 오죽하면 그 유명한 중국 진나라 시황이 불로장생을 꿈꾸며 불로초를 찾아다녔을까요?

마침 산길 옆 갈참나무 밑동에 뭔가가 볼록 솟은 채 낙엽에 덮여 있습니다. 다가가 낙엽 들춰 보니 불로초입니다. 불로초는 늘씬한 자루에 넓은 갓이 우산처럼 활짝 펼쳐져 있습니다. 과연 소문대로 늘씬하고 우아해 마치 발레리나가 한 발로 서 있는 것 같습니다. 게다가 온몸은 옻칠한 교자상처럼 반질거리니 카리스마가 철철 넘칩니다. 수려한 생김새만 봐도 기가 꺾이는데, 불생불사, 불로초라니 절로 주눅이 듭니다. '저 카리스마 넘치는 불로초를 먹고 사는 곤충이 있기나 할까?' 두런거리며 영지를 이리저리 들여다봅니다. 역시 있다. 구멍이 숭숭 뚫린 걸 보니 벌레가 살아도 한두 마리가 아닙니다. 한 귀퉁이를 잡고 살살 흔들어보니 좁쌀 구르는 소리가 납니다. '살짝수염벌레야, 너였구나. 이 추위에도 용케 살아 있다니 참 반갑구나.'

이름도 낯선 살짝수염벌레는 하도 비싸게 굴어 좀처럼 얼굴을 보여 주지 않습니다. 본격적으로 버섯살이 곤충 연구를 한 이후로 야외에서 한 번도 본 적이 없습니다. 평생을 외출 한 번 못하고 구중궁궐 같은 깜깜한 버섯 속에서 꼭꼭 숨어 사니 그럴 만도 합니다. 살짝수염벌레는 영지를 주식으로 삼는 딱정벌레 식구(딱정벌레목)입니다. 녀석의 몸은 굉장히 작아 참깨만 합니다. 그래도 있을 것 다 있고, 할 짓 안 할 짓 다 합니다. 몸매는 공같이 둥글긴 해도 약간 타원형으로 버섯 밖에 내놓으면 쫄쫄쫄 굉장히 빨리 걸어갑니다. 건드리면 더듬이와 온 다리를 모두 접고서 기절을 합니다. 특이하게 어떤 빗살수염벌레류는 밤, 그것도 오밤중에 시계추가 왔다 갔다 하며 소리 내듯이 '탁 탁 탁' 치는 소리를 냅니다. 이는 암컷이 머리로 나무를 두드려 수컷을 부르는 소리인데, 그 소리가 하도 커서 사람들의 귀에도 들린답니다. 그래서 서양에서는 녀석을 '데쓰 워칭비틀death watching beetle'이라고 부릅니다. 죽음을 지켜보는 곤충이란 말이지요. 꼭 사람이 오밤중에 죽는 건 아닌데, 모두 잠든 밤 깊은 시간에 괴상한 소리를 내니 죽음을 떠올렸나 봅니다. 혹시나 싶어 녀석도 오밤중에 소리를 내나 싶어 데리고 잤는데, 괴상한 소리는 끝내 들리지 않았습니다.

그렇게 빗살수염벌레들은 영지 속에서 살면서 짝짓기를 하고 알도 낳습니다. 알에서 깨어난 애벌레 역시 영지 속살을 파먹으며 무럭무럭 자랍니다. 애벌레가 다 자랄 때쯤이면 영지 속은 애벌레 반 똥 반입니다. 다 자란 애벌레는 번데기를 거쳐 어른벌레가 됩니다. 2세대 어른벌레는 절대로 외출하지 않고 깜깜한 영지 속에서 밥도 먹고 짝짓기도 합니다. 그러니 사람들은 영지 속에 벌레가 있는지 없는지 알 수가 없습니다.

종종 강연 중에 받는 질문이 있습니다.
"집에서 아내가 영지를 달여 자꾸 마시라고 해요. 그 벌레가 들어 있는 영

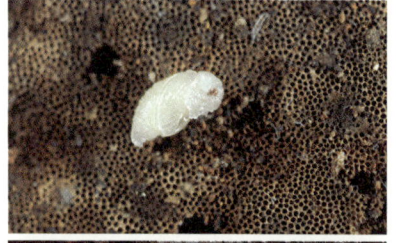

1. 살짝수염버섯벌레류 애벌레와 2. 번데기 3. 영지

지를 먹으면 병에 걸리나요?"

"벌레는 단백질 덩어리인데, 영지도 드시고 벌레도 드시니 오래오래 사시겠네요."

제 답에 다들 웃지만 영문도 모른 채 끌려가 어느 집의 냄비 물에서 최후를 맞는 살짝수염벌레가 못내 안쓰럽습니다. 아이러니하게도 직접 키우면서 연구해 보니 살짝수염벌레는 몸에 좋다는 불로초를 먹는데도 한 달을 채 못 삽니다.

웰빙 바람이 부는 요즘 사람들은 산에 갔다가 영지를 보기만 하면 "심봤다." 환호하며 보이는 족족 송두리째 따 갑니다. 오래 살아 보겠다고 다 따 가니 영지는 피어나기도 전에 씨가 마를 판입니다. 사람들의 욕심만 채우느라 영지 가문이, 영지를 주식으로 삼는 살짝수염벌레의 가문이 망하는 건 안중에도 없습니다. 문득 좁쌀만 한 벌레 수백 마리를 공짜로 먹여 주고 재워 주고 키워 주는 불로초가 대단하게 보입니다. 통 큰 자선사업가 따로 없습니다.

3장_
뛰어난 건축가

1. 초록색 집 짓는
유리산누에나방

　가평 명지산에 눈이 내립니다. 아기 주먹만 한 함박눈이 쉴 새 없이 펑펑 쏟아집니다. 꽃송이같이 탐스러운 눈이 마치 하늘에 메어 놓은 하얀 동아줄이라도 타고 스르르르 땅으로 내려오는 것 같습니다. 하늘도 땅도 하얀 눈 세상! 온 세상이 동화 속 마을 같습니다. 눈 쌓인 길을 살풋 살풋 걷는데, 길옆 때죽나무 가지에 연둣빛 주머니가 대롱대롱 매달려 그네를 탑니다. 누가 저리도 앙증맞은 손가방을 걸어 놓았을까? 얼른 다가가 보니 유리산누에나방의 번데기가 살다가 나간 빈집이군요. 하얀 눈에 반쯤 덮인 연둣빛 번데기 방이 참 곱습니다.
　살짝 건드려 보니 요지부동. 명주실로 얼마나 단단하게 나뭇가지에 칭칭 동여맸는지 꿈쩍도 안 합니다. 당겨 봐도 하도 질겨 뜯어지지도 않습니다. 톡톡 쳐 보니 달그락달그락 번데기 껍질 흔들리는 소리만 경쾌하게 들려옵니다. '아이구, 기특하지. 용케도 어른벌레로 변신해 고치 탈출에 성공

했구나!'

　날개에 유리처럼 투명한 점이 찍혀 있어 이름이 붙은 유리산누에나방. 밤에는 제법 추워 겨울같이 느껴지는 10월 말, 연둣빛 주머니에서 어른 유리산누에나방이 탄생합니다. 그 좋은 시절 놔두고 하필이면 겨울이 코앞인 늦가을에 어른으로 변신한 유리산누에나방. 곧 추위가 닥쳐오니 암컷은 서둘러 짝을 찾아 사랑을 나누고 알을 낳습니다. 알은 이불도 덮지 않고 매서운 삭풍을 맞으며 꿋꿋하게 겨울을 견뎌 냅니다.

　봄이 왔습니다. 봄꽃들이 숲 바닥 여기저기에 피어 한바탕 축제를 벌일 즈음, 겨울잠을 자던 유리산누에나방의 알에서 아기 유리산누에나방이 태어납니다. 갓 깨어난 '신생아'는 깜둥이. 아기 유리산누에나방은 이제부터 혼자 힘으로 살아가야 합니다. 녀석은 채식주의자라 새로 돋아난 연한 잎으로 기어가 오물오물 잎사귀 밥을 먹습니다. 다행히도 아기 유리산누에나방은 먹성이 좋아 늦봄 내내 떡갈나무, 신갈나무, 갈참나무, 상수리나무 등 참나무 잎이란 잎은 닥치는 대로 먹어 치웁니다. 게걸스럽게 먹다가 몸이 불어나면 입고 있던 옷(허물)을 벗습니다. 허물은 단단해 사람으로 치면 뼈에 해당되기 때문에 몸이 커졌을 때 벗지 않으면 죽습니다.

　그렇게 아기 유리산누에나방은 참나무류 잎사귀를 쑥덕쑥덕 베어 먹으며 5살(5령)이 될 때까지 무럭무럭 자라납니다. 재밌게도 아기 유리산누에나방은 위장술의 대가입니다. 몸색깔이 연초록빛이라 갈참나무 잎사귀에 앉아 있으면 잎인지 녀석인지 분간하기 힘들 정도로 눈에 잘 띄지 않습니다. 보호색을 제대로 띠고 있는 것이지요. 더구나 평소에 머리는 움츠려 몸속에

유리산누에나방과 팽나무 잎

감추고 삽니다. 그러다 밥을 먹을 때만 살짝 내미니, 잎사귀 식사를 할 때나 깜직한 얼굴을 구경합니다.

특히 다 자란 애벌레(5령, 종령)가 되면 몸집이 얼마나 큰지 어른 손가락만 합니다. 몸길이가 5센티미터가 다 되니 아기치고는 초대형 우량아입니다. 몸은 길쭉하고 오동통하게 살이 찐 게 마치 연둣빛으로 물들인 막대 사탕 같습니다. 녀석의 등과 옆구리엔 서너 가닥으로 뭉쳐진 털들이 열병식이라도 하듯 쭈욱 줄 맞춰 서 있습니다. 신기하게도 줄 맞춰 선 털들에겐 독이 들어 있지 않습니다. 다만 털들은 저마다 신경과 연결되어 있어 외부에서 어떤 일이 일어나는지 재까닥 알아차립니다. 천적이 가까이 다가오는지, 바람이 어느 방향으로 부는지, 습도가 높은지 낮은지, 온도는 높은지 등등을 잘 알아차리니 털은 생명줄이나 다름이 없습니다. 털 몇 십 개를 붙이고서 험한 세상을 견디며 살아 보겠다고 꾀를 낸 아기 유리산누에나방이 기특하기만 할 뿐입니다.

아기 유리산누에나방은 다 자라면 식욕이 뚝 떨어집니다.

1·2. 유리산누에나방 애벌레

도무지 먹을 생각은 하지 않고 나뭇가지를 타고 이리저리 오르락내리락 돌아다닙니다. 그 모습이 마치 혼이 쏙 나간 사람 같습니다. 한참을 방황하더니 드디어 명당 발견. 녀석은 초록 잎사귀 우거진 나뭇가지에 앉아서 번데기로 변신할 채비를 합니다. 우선 번데기로 변신한 후 기거할 아담한 번데기 집을 지어야 합니다. 집 지을 재료라곤 달랑 명주실 하나. 수천 번, 아니 수억 번도 넘게 머리를 온 사방으로 움직이며 입에서 명주실을 술술 토해 내 연둣빛 손가방 같은 번데기 방을 만듭니다. 그러곤 그 속에서 아기 때 입었던 옷을 벗고 번데기가 되어 여름 내내 쿨쿨 잠을 잡니다. 그러다 추운 늦가을이 되면 어른 나방으로 변신해 번데기 방을 탈출해 나뭇가지에 알을 낳고 죽습니다.

1. 유리산누에나방 번데기 방(고치) 2. 유리산누에나방

그러고 보니 연둣빛 고치가 옛 어른들이 바느질할 때 손가락에 끼었던 골무랑 똑 닮았습니다. 눈바람에 흔들거리는 연둣빛 고치를 보니 조선 후기 때 쓰인 수필의 백미 〈규중칠우쟁론기〉가 떠오릅니다. 작품 속에서 옷 하나 만들려면 바늘, 자, 가위, 인두, 다리미, 실과 골무가 모두 힘을 합쳐야 되건만 서로가 자신의 공이 크다고 우깁니다. 골무인 감투할미도 예외 없이 잘난 척하다가 주인한테 혼쭐납니다. 선거철인 요즘 서로 자기만 잘났다고 생색내며 상대방을 깎아내리는 정치인이 감투할미 닮은 연둣빛 고치와 겹치는 건 왜일까요?✤

2. 곤충계의 블랙홀
개미지옥

　블랙홀은 아인슈타인의 일반 상대성 이론에 근거를 둔 것으로 별이 극단적인 수축을 일으켜 밀도가 매우 증가하고 중력이 굉장히 커진 천체를 말합니다. '블랙홀' 이전에는 '블랙홀'이란 이름이 없었고 그 대신 '얼어붙은 별', '붕괴한 별', '빛까지 빨아들이는 지옥' 등 남의 것을 빼앗기만 하는 '놀부 같은' 이름으로 불렸습니다. 하지만 루게릭병을 앓고 있는 영국의 과학자 스티븐 호킹Stephen W. Hawking 박사가 블랙홀은 '흥부'처럼 남에게 베푸는 걸 좋아해서 무한한 에너지를 방출하는 탱크라고 재해석했지요. 또한 그는 "블랙홀은 검은 것이 아니라 빛보다 빠른 속도의 입자를 방출하면서 뜨거운 물체처럼 빛을 발산한다."라고 주장했습니다. 아무튼 블랙홀의 힘은 너무 강력하여 한 번 빠지면 타 버려 헤어 나올 수 없을 것 같습니다.

　곤충들의 세계에서도 그렇게 한 번 빨려 들어가면 다시는 빠져나오지 못하는 블랙홀 같은 곳이 있습니다. 바로 '개미지옥'입니다.

1. 개미지옥 2·3. 명주잠자리 애벌레(개미귀신)

산길을 걷거나 강가와 바닷가 모래밭을 걷다 보면 땅에 깔때기 모양으로 움푹움푹 파 놓은 웅덩이가 늘어서 있습니다. 그 모습이 마치 공중 폭격 훈련장 같은데, 웅덩이 같은 깔때기 집을 흔히들 '개미지옥'이라고 부릅니다. 개미가 깔때기 집 속으로 끌려 들어갔다 하면 영영 살아 나오지 못하고 황천길을 떠난다 해서 그리 부릅니다. 그런데 이 웅덩이는 누가 팠을까요? 이름부터 무시무시한 '개미귀신'입니다.

이집트의 피라미드를 거꾸로 뒤집어 놓은 것 같은 개미지옥에는 개미귀신 즉 명주잠자리류 애벌레가 삽니다. 우리에겐 정식 이름인 명주잠자리 애벌레보다는 개미귀신으로 더 잘 알려져 있지요. 개미귀신은 다른 힘 약한 곤충을 잡아먹기 위해서 잠자리나 파리매가 활동하는 공중을 일찌감치 포기하고 땅바닥에서 기어다니는 생물을 잡아먹고 삽니다. 아무도 생각지 않은, 땅에 웅덩이를 파고 그 속에 들어앉아 먹이가 웅덩이 덫에 걸려들기만을 기다리는 그들의 작전은 그야말로 특허감입니다. 개미귀신은 평상시에는 깔때기 같은 땅굴 속에 숨어 있다가 먹잇감이 깔때기 속으로 떨어지면 스프링처럼 튀어나와 낚아채 깔때기 땅굴 속으로 끌고 갑니다. 주로 개미들이, 물귀신에게 끌려가듯이 이 끔찍한 깔때기 모래 굴속으로 쑤욱 끌려 들어갑니다.

마침 운 나쁜 개미 한 마리가 깔때기 집 주변을 얼쩡거립니다. 이때를 놓칠세라 모래 속에서 숨어 있던 개미귀신의 머리가 툭 튀어나옵니다. 그러더니 순식간에 연탄집게 같은 무시무시한 주둥이(큰턱)를 양옆으로 쫙 벌려 개미를 쥐도 새도 모르게 납치해 모래 속으로 쑤욱 들어갑니다. 그런데 이건 또 무슨 일? 개미귀신의 손아귀에서 어찌 벗어났는지 잡혀갔던 개미가 탈출해 모래벽을 바동바동 기어오릅니다. 그러자 개미귀신이 뒤따라 나와 주둥이로 모래를 한 웅큼 퍼서 도망치는 개미에게 뿌려 댑니다. 뿌려진 모래는 약 45도 경사진 깔때기 집의 모래벽을 타고 모래시계처럼 바닥으로 주르륵 흘러내립니다. 그러자 경사진 모래벽을 타고 탈출하려던 개미가 그만 쏟아져 내리는 모래 더미에 휩쓸려 바닥으로 굴러떨어집니다. 나뒹굴면서도 개미는 목숨을 걸고 비틀비틀 모래벽을 또 기어오르며 필사적인 탈출을 시도합니다. '어딜 달아나려고…… 너는 내 밥이야…….' 하며 개미귀신은 또 모래를 뿌려 대고, 개미는 또다시 깔때기 집 바닥에 떨어져 나뒹굴고. 결국 개미는 탈출에 실패하고 개미귀신의 밥이 되어 저승길 모래 속으로 스르르 사라집니다.

이렇게 녀석은 개미 전문 사냥꾼답게 개미들을 낚아채 물귀신처럼 쥐도 새도 모르게 쌀매기 집 속으로 끌고 들어가 잡아먹습니다. 그래서 영어로는 앤트 라이온(ant lion, 개미사자)이라고 부르니 딱 어울리는 이름입니다.

개미귀신은 모래 속으로 끌고 온 개미에게 소화액이 들어 있는 독 주사를 놓습니다. 독 주사를 맞은 개미 몸은 점점 흐물흐물 녹으면서 죽이 되어 갑니다. 드디어 '개미죽' 요리 완성. 이제 개미귀신은 우아하게 개미죽에 주둥이를 박고 천천히 들이마십니다. 식사가 다 끝나면 남는 건 개미 껍질뿐. 개미귀신은 미련 없이 개미 껍질을 깔때기 집 밖으로 휘익 던져 버립니다.

먹으면 싸는 법. 배불리 먹은 개미귀신은 깔때기 집 속에다 똥을 쌀까요? 천만의 말씀. 녀석에겐 항문이 아예 없습니다. 녀석의 내장 끄트머리는 막다른 골목처럼 꽉 막혔습니다. 그럼 소화시킨 찌꺼기는 어찌 처리할까? 그냥 내장기관에 보관합니다. 다행히도 녀석의 내장 끄트머리는 엄청나게 커서 소화된 찌꺼기를 보관하기 좋습니다. 그래서 개미귀신이 평생 숨어사는 보금자리인 개미지옥은 늘 깨끗합니다. 사람 같으면 하루만 화장실에 못 가도 배에 가스가 차고 더부룩해 아무 일도 못할 정도로 괴로운데, 개미귀신은 평생 동안 화장실 한 번 안 간다니 세상에 참 별난 곤충도 다 있습니다.

우여곡절을 겪으며 다 자란 개미귀신은 번데기 시절을 거쳐 어른으로 변신합니다. 어른 개미귀신의 정식 이름은 명주잠자리입니다. 명주잠자리는 풀잠자리 집안(목)으로 명주잠자리류는 세계에 600종 정도가 삽니다. 이름에 '잠자리'가 붙어 고추잠자리 같은 '잠자리 집안(목)'과 친척인 줄 착각하기 딱 좋지만 잠자리와 명주잠자리는 '가까이 하기엔 너무 먼 당신'입니다. 더듬이, 날개 등이 서로 다르기 때문이지요. 특히 명주잠자리의 날개는 명주 천처럼 보드랍고 맑습니다.

우리는 개발이 우선인 시대, 지구가 생겨난 이래 사람의 간섭으로 생태계

명주잠자리

가 최고로 파괴되고 있는 시대에 살고 있습니다. 개미귀신은 대부분 산자락 주변의 흙길, 강변이나 모래 해변처럼 포슬포슬한 흙이 있는 곳, 특히 사람들이 덜 다니는 탁 트인 땅을 좋아합니다. 그런 개미귀신이 살아갈 수 있는 땅이 점점 없어지고 있습니다. 산속의 길도 언제부터인지 포장되어 있고, 강이나 개울 주변에도 포장된 산책길과 자전거길이 나 있습니다. 심지어 바닷가의 모래언덕에도 개발 바람이 불어 도로가 나고 건물이 들어섭니다. 이러다가는 개미귀신들이 터 잡고 살아가는 공간이 줄어들 것 같아 마음만 동동거립니다. 이 땅은 조상들로부터 물려받은 것이 아니라 후손들로부터 빌린 것이라는 인디언의 말을 곰곰이 곱씹어 봅니다.

3. 도롱이 집 짓고 사는
주머니나방

5월 봉화 가는 길입니다. 산모퉁이 돌아 돌아 굽이치는 40리 길을 달립니다. 이슬비가 보슬보슬 내리니 엷은 안개가 푸르른 산자락 아래 마을을 살포시 감싸고 있습니다. 살아 꿈틀거리는 듯한 밭이랑에 채소 심는 사람들, 찰랑찰랑 물을 댄 논에 모내기하는 사람들. 엎드려 일하는 농부들의 머리 위에도 푸르른 안개비가 내려앉습니다. 비를 맞으며 걸으니 문득 전원생활을 꿈꾸며 자유인으로 살기를 바랐던 조선 시대의 문인 김굉필이 읊은 시가 생각이 납니다.

삿갓에 도롱이 입고 세우 중(細雨中)에 호미 메고

산전(山田)을 흩매다가 녹음에 누웠으니

목동아 우양(牛羊)을 몰아 잠든 나를 깨와다

- 김굉필(조선 성리학자)

사화에 연루됐던 김굉필이 귀양살이와 은둔 생활을 하던 중 산 아래 밭에서 김매며 쓴 시조입니다. 안타깝게 사화에 연루되어 죽음을 맞았지만 한동안 머리 아픈 정치판을 떠나 가식 없는 농군으로 살면서 여유롭고 평화로운 생활을 누렸을 모습이 눈에 선합니다. 삿갓 쓰고 도롱이를 입은 모습은 탈속의 경지 그 자체입니다. 곤충들 가운데에도 이렇게 도롱이 입고 탈속의 경지를 보여 주는 녀석이 있는데, 바로 도롱이벌레입니다.

예전엔 비가 오면 지금처럼 화학섬유로 만든 비옷이나 우산이 없던 시절이라 볏짚을 촘촘히 엮어 만든 도롱이를 입었습니다. 그러니 도롱이는 옛사람들의 비옷인 셈입니다. 사람은 비 올 때만 비옷을 입지만 도롱이벌레는 풀, 나뭇잎, 나무껍질로 만든 도롱이를 평생 입고 삽니다.

늦가을, 갈색으로 물든 낙엽들이 바람 쏠리는 대로 바닥 위를 뒹굴며 헤매입니다. 떠나가는 가을을 배웅하느라 산에 오르는데, 떡가루 같은 눈이 내려 산길을 살짝 덮습니다. 새하얀 눈 카펫 길이 너무 황홀해 차마 밟지 못하고 길모퉁이에서 서성이는데, 길옆 싸리나무 가지에 볼펜 뚜껑만 한 도롱이벌레 집(남방차주머니나방의 집)이 대롱대롱 매달려 있습니다. 풀잎을 덕지덕지 붙여 만든 게 옛 어른들이 비 올 때 볏짚 엮어서 입었던 도롱이랑 너무도 똑같습니다. 그래서 도롱이벌레라고 부르니, 원래 이름인 주머니나방(나비목, 주머니나방과)보다 훨씬 부르기도 쉽고 친근감이 느껴집니다.

도롱이벌레는 독립심이 강해 알에서 깨어나자마자 혼자 힘으로 도롱이 집을 만듭니다. 녀석은 사람처럼 손도 없는데, 어떻게 나뭇잎을 엮어 도롱이주머니를 만들까? 재료라야 명주실과 풀잎과 나뭇잎뿐. 건축 설계도는 더

더욱 없어 달랑 명주실과 타고난 동물적 본능만 가지고 집 하나를 뚝딱 만듭니다. 도롱이벌레는 족보상 나비목의 자손인데, 다행히 나비 집안 애벌레들은 누구나 명주실을 지니고 태어납니다. 명주실은 퍼내도 퍼내도 마르지 않는 명주실 샘에서 만들어지는데, 명주실은 집 지을 때, 도망칠 때, 번데기방을 만들 때 등 필요할 때마다 요긴하게 쓰입니다.

우선 갓 태어난 도롱이벌레는 입에서 명주실을 술술 토해 제 몸에 딱 맞는 명주실 자루 옷을 만듭니다. 그런 후 자루 위에 풀잎이나 이끼 등을 갖다 턱턱 붙이면 도롱이 집 완성. 물론 몸집이 커지면 증축 공사도 해 집 평수도 넓힙니다. 물론 도롱이 집은 기능성도 좋습니다. 주머니 같은 집 위쪽과 아래쪽에 구멍을 뚫어 놓았습니다. 위쪽 구멍은 상반신을 들락거리며 식사하기 좋게 크게 나 있고 아래쪽 구멍은 식사한 뒤 싼 똥을 버리기 좋게 조그맣게 뚫어 놓았습니다. 기막히게 간단명료한 구조지만 참 실용적인 집입니다. 이렇게 만들어진 도롱이 집에는 습기도 바람도 스며들지 않아 바람이 불고 눈이 오고 비가 와도 끄떡없습니다. 녀석은 나뭇가지나 풀줄기에 매달린 도롱이 집 속에서 머리를 위로 향하고 꼿꼿이 서서 평생을 삽니다.

그런데 도롱이벌레는 팔자가 기구하여 평생 동안 외출은 꿈도 못 꿉니다. 바깥나들이라고 해 봤자 밥 먹을 때만 잠깐. 그것도 상반신만 살짝 내밀고 식사만 하고 부리나케 도롱이 집 속으로 쏙 들어갑니다. 우렁각시가 따로 없습니다. 더 기막힌 건 암컷은 어른벌레로 변신해도 바깥세상을 구경할 엄두도 못 냅니다. 훨훨 날아가고 싶은 마음은 굴뚝같지만 날개가 없어 집 밖으로 못 나갑니다. 사람 같으면 울화통 터져 죽을 판인데, 도롱이 색시

주머니나방류 애벌레

는 잘도 참습니다. 어쩌면 도롱이 색시 가슴은 시커멓게 타 숯검정으로 변했는지도 모릅니다.

그러다 보니 짝짓기는 거의 '19금' 수준. 굼벵이도 구르는 재주가 있다고 집 밖으로 못 나가는 암컷은 수컷을 불러들이는 재주가 있습니다. 바로 오묘한 사랑의 묘약인 향수(성페로몬)를 사용하는 재주. 암컷은 도롱이 집 밖으로 앞가슴을 내밀어 성페로몬을 뿌립니다. 곤충에게 성페로몬은 신비한 묘약. 아주 작은 양이라도 공기를 타고 떠돌면 수컷에게 순간 포착됩니다. 냄새에 취한 수컷이 향수의 근원지인 도롱이 집에 당도하면 드디어 드라마틱한 짝짓기가 이뤄집니다. 수컷은 도롱이 집에 난 구멍에 배 꽁무니를

3장 뛰어난 건축가 93

1·2.주머니나방류 애벌레의 집과 3.애벌레

들이미는데, 이때 도롱이 집이 너무 좁아 배 꽁무니를 제외한 수컷의 몸뚱이는 집 밖에 둬야 합니다. 신랑 신부가 얼굴도 못 보고 사랑을 나누다니! 더구나 수컷의 짝짓기 자세는 고행 그 자체. 곤충 세계니 가능한 일입니다. '꼭 이렇게라도 짝짓기를 해야 하나?' 수컷의 푸념이 들리는 듯합니다. 고난의 짝짓기를 마친 도롱이 색시는 평생 살던 집에 알을 3,000개도 넘게 낳고 죽으니 입이 떡 벌어집니다.

평생 외출 한 번 못하고 좁고 답답한 집 안에서만 살다 대를 잇고 죽는 도롱이 색시가 하도 안쓰러워 도롱이벌레 집을 살짝 만져 보니 온기가 느껴집니다. '와! 도롱이벌레야, 겨울잠 자는구나. 춥지?' 안부인사 나누는데, 눈치 없는 차가운 바람이 쌔-앵 붑니다. 덩달아 도롱이 집도 휘청거립니다. 갑자기 이 추운 날에 집 나와 차가운 길거리를 헤매고 다니는 아이들이 눈에 밟힙니다. 다 내 아이 같은 아이들인데❧

4. 잎을 말아 요람 만드는
거위벌레

올 여름 우리나라에 큰 손님이 왔습니다. 소년처럼 해맑은 미소를 지으시는 프란치스코 교황이 여러 날을 우리 땅, 우리 하늘 아래서 우리와 함께 보냈습니다. 세례 받은 지 꽤 되었지만 이러저러한 핑계로 성당 문턱을 드나든 지 한참 됩니다. 교황이 우리나라에서 여러 미사를 집전하는 동안 저는 곤충 조사 차 삼척에서 머물렀습니다. 대신 텔레비전으로나마 낮은 데로 임하는 교황의 참모습을 접했는데, 마침 '미사'에 앞서 낯익은 가수들이 나와 귀에 익은 노래를 부릅니다. 내 또래인 소프라노 조수미 씨가 유명한 영화 〈미션〉(남미 지역에서 순교한 선교사들 이야기)의 주제곡인 '넬라 판타지아'를 애절하고 감미롭게 부릅니다. 이어 낯익은 얼굴 인순이 씨가 나와 꿈과 용기가 담긴 노래 〈거위의 꿈〉을 열창하니 오랜만에 귀가 호강합니다.

이 노래를 듣고 있자니 문득 거위랑 비슷하게 생긴 거위벌레가 생각납니다. 거위와는 족보가 달라도 한참 다르지만 거위벌레에게도 꿈이 있을까?

왕거위벌레 암컷

곰곰이 생각해 봅니다. 아무래도 거위벌레의 꿈은 일생일대의 가장 큰 일, 자식을 위해 훌륭한 요람을 짓는 일일 것 같습니다.

5월, 산과 들은 많은 곤충들이 나와 떠들썩합니다. 이 즈음엔 거위벌레들이 너도나도 나와 요람을 만드느라 정신이 없습니다. 느릅나무혹거위벌레는 제 몸의 수십 배도 넘는 거북꼬리 잎을 접어 올리고, 분홍거위벌레는 여뀌 잎을 말아 올리고, 단풍뿔거위벌레는 열 장도 넘는 단풍잎을 끌어다 우물딱 주물딱 엮고, 알락거위벌레는 팽나무 잎을 멍석 말듯이 도르르 말아 올리고…….

특히 숲길 어디서나 우리와 잘 마주치는 녀석은 왕거위벌레입니다. 녀석

왕거위벌레 수컷

은 밤나무나 상수리나무 같은 참나무류 잎을 부리나케 들락거리다 잠시 쉴 때면 고개를 쭉 빼어 삐죽이 들고 앉아 있습니다. 마치 누군가를 애타게 기다리기라도 하듯이 늘 목을 길게 빼고 먼 곳을 바라보고 있는 모습은 어찌 보면 기린과 닮았고, 어찌 보면 거위와 비슷합니다. 특이하게도 수컷은 '모가지'가 길고, 암컷은 '모가지'가 짧습니다. 왕거위벌레는 이름처럼 몸길이가 10밀리미터도 넘으니 거위벌레치고는 큰 편입니다.

　왕거위벌레는 고기는 입에도 안 대는 철저한 채식주의자입니다. 식성이 까다로워 아무 식물의 잎을 먹지 않고 오로지 자신이 좋아하는 식물만 골라 먹습니다. 주식은 떡갈나무, 갈참나무, 신갈나무 같은 참나무류와 밤나

1.거위벌레가 먹은 떡갈나무 잎 2.등빨간거위벌레의 새끼 집

무 잎인데, 새로 돋아난 지 얼마 안 되는 야들야들한 잎을 즐겨 먹습니다. 녀석은 '모가지'가 길어 긴 목을 구부린 채 잎을 먹어야 하니 고충이 많습니다. 그 모습을 보니 문득 노천명 시인이 사슴을 보고 '모가지가 길어 슬픈 짐승이여!' 하며 읊은 시구가 생각나 혼자 빙그레 웃습니다.

녀석은 밥을 깔끔하게 먹지 않고 여기서 찔끔 저기서 찔끔 먹어 다 먹고 난 잎은 온통 구멍이 숭숭 뚫려 있습니다. 그건 주둥이가 약한 편이라 질긴 잎맥은 먹지 못하고 대신 연한 잎살을 먹기 때문입니다. 왕거위벌레는 배부르게 만찬을 즐기고 나면 앞으로 태어날 아기에게 밥상을 차려 놓습니다. 그런데 말이 밥상이지 그 밥상을 차리려면 여간 공력이 들어가는 게 아닙니다. 날마다 엄마 왕거위벌레는 하루 종일 쉬지 않고 밥상을 차리느라 허리가 휘어질 지경입니다. 어떤 밥상이기에 그리 힘들까요?

왕거위벌레는 여느 곤충과는 달리 아기 집을 굉장히 잘 만드는 요람 전문 건축가입니다. 녀석은 1년에 단 한 번 잎사귀를 멍석처럼 돌돌 말아 아기 요람을 만듭니다. 요람의 재료는 밤나무, 참나무류, 오리나무류나 자작나무류의 잎. 여러 종류의 나무에서 살다 보니 가끔 다른 곤충들과 서식지 쟁탈

전이 벌어지기도 합니다.

왕거위벌레는 정교하게 정해진 순서에 따라 흐트러짐 없이 요람을 짓습니다. 설계도가 없는 데도 설계도에 따라 짓는 것보다 더 능숙하고 노련하게 요람을 짓습니다. 그래서 녀석이 요람 만드는 걸 한 번이라도 보면 '벌레가 어찌 저리 세밀하게 집을 잘 지을까?' 하며 감탄을 연발할 정도입니다.

왕거위벌레가 요람 만드는 걸 구경해 볼까요? 우선 엄마 왕거위벌레가 하는 일은 사전 답사. 엄마는 밤나무 잎을 찾아와 나뭇가지를 오르락내리락하며 쓸 만한 잎을 찾습니다. 잎에 다른 벌레가 먼저 오지나 않았는지, 잎의 모양이 잘생겼는지, 잎의 두께는 적당한지, 잎이 싱싱한지 등등을 꼼꼼히 따집니다. 일단 합격이 되면 잎의 주맥을 타고 올라 다니며 어디서부터 재단해야 할까 위치를 측정합니다. 이때 잎이 맘에 딱히 안 들면 미련 없이 포기하고 다른 잎으로 날아갑니다. 한술 더 떠서 요람 공사가 진행이 된 후에 천적의 공격을 받으면 과감히 버리고 다른 잎을 찾아갑니다.

잎사귀를 선택하면 녀석은 잎의 가장자리로 자리를 옮겨 주둥이로 잎을 자릅니다. 그러고선 잎 뒷면으로 가 주맥을 일정한 간격으로 주둥이로 씹어 흠집을 냅니다. 뒷면은 요람의 바닥이 되는 부분이라서 주맥에 흠집을 내면 수분의 흐름이 막혀 잎이 시들어 버리지요. 그러면 잎을 말아 올리기가 훨씬 수월합니다. 잎이 시들기 시작하면 잎을 두세 번 말아 올리는데, 이때 둘둘 말린 잎에 알을 낳습니다. 알을 낳은 후 계속 잎을 끝까지 돌돌 말아 올라갑니다. 이제 남은 건 뒷마무리. 엄마는 잎을 끝까지 말아 올린 뒤 안쪽에 있는 잎을 끌어다 휘감아서 뚜껑처럼 만듭니다. 이렇게 하면 말아 올린 잎이 풀리지 않습니다. 드디어 원기둥 모양의 요람이 완성되었습니다.

엄마 왕거위벌레가 요람 한 개를 만드는 데는 무려 1시간 40분에서 2시간 정도가 걸리니 노동도 보통 노동이 아닙니다. 아무리 유능한 건축가라 하더라도 요람 하나를 만드는 데 이렇게 많은 시간과 땀나는 노력이 들어갑니다. 그래도 자식(알, 애벌레)이 안전한 요람에서 걱정없이 자랄 수 있으니 엄마는 기꺼이 중노동도 감수합니다. 그래서 엄마는 다른 곤충들에 비해 알을 훨씬 적게 낳습니다. 알에서 깨어난 아기 왕거위벌레는 엄마가 말아 놓은 요람 속에서 천적의 눈을 피해 잎을 한 겹씩 한 겹씩 뜯어먹고 살다 날개돋이 해 거위가 꿈꾼 것처럼 저 하늘을 높이 날아갑니다.

자식 사랑에 관한 한 하찮은 벌레라고 놀림 받는 거위벌레나 만물의 영장 사람이나 '도진개진'입니다. 문득 한동안 유행했던 '요람에서 무덤까지'란 말이 떠오릅니다. 요즘 또한 사회복지다 생태복지다 산림복지다 맞춤형 복지다 여기저기서 '복지' '복지'란 말을 남발합니다. 거위벌레는 직접 요람을 만들어 자식의 복지를 책임지지만, 사람의 세계는 너무 복잡해 부모 혼자 힘으로 자식의 요람을 책임지기엔 벅찹니다. 사람보다 수천 배 단순한 곤충의 세계가 부러운 건 왜일까요?♣

4장_
아옹다옹 살아가는 식물과 곤충

1. 족도리풀의 단짝
애호랑나비

    꽃처럼 어여쁜 여인이 있었습니다. 그래서 사람들이 '꽃아가씨'라고 불렀다지요. 날마다 산나물을 캐고 꽃을 심으며 행복하게 살았는데, '예쁜 게 죄'라고 그만 궁녀로 뽑혀 가고 말았지요. 그러다 무슨 놈의 팔자가 기구한지 다시 중국으로 가게 되었고 낯선 땅에서 잡초와 같은 인고의 세월을 살다가 고향에 돌아오지도 못한 채 세상을 떴습니다. 그러는 동안 그녀의 어머니도 죽었습니다. 그들이 죽은 뒤 고향집 뒤꼍에는 시집갈 때 쓰는 족두리같이 생긴 꽃이 피어납니다. 족두리 한 번 써 보지 못한 한이 꽃으로 환생하여 피어났나 봅니다. 사람들은 그 꽃을 '족두리풀'이라 부르며 '꽃아가씨'의 한을 달래 줬는데, 후에 무슨 연유인지 '족도리풀'로 이름이 살짝 바뀌었습니다.

    족도리풀은 기름지고 응달진 숲 바닥에서 잘 자랍니다. 족도리풀의 뿌리를 한의학에서는 세신(細辛:은단을 만드는 성분)이라 하는데, 한 입 깨물어

1.족도리풀 꽃 2.족도리풀

보면 정말 은단처럼 톡 쏘는 냄새가 납니다. 재밌게도 황새처럼 키가 훌쩍 큰 족도리풀 잎사귀는 커다란 하트 모양인데, 자주색 꽃은 짜리몽땅해 땅바닥에 딱 붙어 피어 있어 커다란 하트 모양 잎에 가려져 있습니다. 수십 송이가 다닥다닥 피어난 꽃은 정말이지 생긴 게 자주색 족두리하고 똑같습니다. 그런데 꽃은 무슨 배짱으로 벌, 나비가 얼씬도 못하게 아무도 못 보게 땅바닥에 나뒹굴 듯 피어날까요? 벌, 나비 같은 중매쟁이가 없으면 씨앗을 맺지 못해 가문이 끊길 수도 있는데 말이지요. 다 수가 있습니다.

똑똑한 족도리풀 꽃은 아주 고약한 냄새를 풍깁니다. 즉 버섯 냄새를 슬슬 내뿜어 '나는 버섯이다!' 하고 사기칩니다. 그러면 버섯을 좋아하는 곤충(특히 버섯파리류)들이 죄다 족도리풀 꽃을 버섯으로 착각하고 꽃 속으로 들어갑니다. 놀랍게도 꽃의 안쪽은 자잘한 바둑판처럼 올록볼록해서 마치 버섯의 주름살처럼 생겼습니다. 그러니 버섯파리는 버섯인 줄 알고 올록볼록한 꽃잎 안벽에 알을 낳고 다른 꽃으로 쌩 날아갑니다. 이때 버섯파리의 몸에는 족도리풀의 꽃가루가 다닥다닥 묻어 있지요. 다른 포기의 꽃으로 날아간 버섯파리는 알을 낳으면서 몸에 묻혀 온 꽃가루를 우연히 암술머리에 떨어뜨립니다. 드디어 족도리풀 꽃의 중매 성공!

중매쟁이 곤충 덕분에 열매를 맺은 족도리풀. 그런데 식물이라 한 발짝도 못 움직이니 씨앗을 옮기는 게 문제입니다. 꾀 많은 족도리풀이 이번에는 개미를 불러모읍니다. 씨앗에 달착지근한 일레이오좀^{Elaiosome}을 붙이고선 개미가 좋아하는 냄새를 풍겨 개미를 유혹하는 것이지요. 개미는 '얼씨구나, 좋다!' 하면서 씨앗을 통째로 물고 낑낑대며 자신의 집으로 가져갑니다. 그러곤 씨앗에 붙어 있는 다디단 영양분은 다 먹고 씨앗은 멀리 내다 버리는데, 개미의 침이 묻은 씨앗은 개미 침이 묻지 않은 씨앗보다 발아율이 30퍼센트나 더 높다고 합니다. 버섯을 흉내 내어 파리를 끌어들이고 개미를 유혹해서 자신의 자손을 멀리멀리 퍼뜨리니 족도리풀은 참 대단한 전략가입니다.

'뛰는 놈 위에 나는 놈 있다'고 온갖 꾀를 내며 살아남은 족도리풀을 단박에 제압한 똑똑한 나비가 있습니다. 바로 봄소식을 가장 먼저 알려 주는 '봄의 여신' 애호랑나비입니다. 애호랑나비는 진달래꽃이 필 즈음 일 년에 단 한 번, 그것도 고작해야 열흘 정도만 나타나 족도리풀만 죽어라 쫓아다닙니다. 몸색깔은 호랑나비처럼 검은색과 노란색 줄무늬가 선명하지만 몸집은 호랑나비보다 작습니다. 그래서 이른봄에 나타나니 석주명 선생은 '이른봄호랑나비'라고 불렀지만 지금은 애호랑나비라고 부르고, 북한에서는 애기범나비라고 부릅니다.

어른 애호랑나비가 단 열흘 동안 살면서 할 일은 알을 낳아 대를 잇는 일. 암컷과 수컷은 이 꽃 저 꽃 날아다니며 꽃꿀을 빨아먹다가 서로 눈이 맞으

족도리풀에 알 낳는 애호랑나비

면 짝짓기를 합니다. 짝짓기를 마친 암컷은 알 낳을 산부인과를 찾아 나섭니다. 아기 애호랑나비는 식성이 까다로워 아무 밥이나 먹지 않고 오로지 족도리풀 잎만 먹습니다. 그러니 엄마 애호랑나비는 '족도리풀 찾아 숲속

삼만 리'라도 해야 할 판. 엄마 애호랑나비는 여러 감각들을 총동원해 새끼가 먹을 족도리풀 밥상을 찾아다닙니다. 다행히 족도리풀은 자신을 뜯어먹는 초식곤충들을 물리치려고 매운 맛이 나는 페놀성 독 물질(방어 물질)을 냅니다. 하지만 비웃기라도 하듯이 애호랑나비는 오랫동안 진화 과정을 거쳐 족도리풀의 독성 물질에 내성을 갖게 되고, 결국에는 그 독 물질이 식욕을 당기게 만드는 애피타이저가 됩니다. 족도리풀이 내뿜는 방어 물질을 '섭식자극제'로 이용하는 것입니다.

족도리풀에 도착한 애호랑나비는 잎 뒷면에 알을 낳습니다. 알은 에메랄드빛을 띠며 진주처럼 찬란하게 빛납니다. 알에서 태어난 아기 애호랑나비들은 푸짐하게 차려진 싱싱한 족도리풀 밥상에서 배부르게 식사를 합니다. 그렇게 무럭무럭 자란 새끼는 땅으로 내려가 낙엽 속에서 번데기가 됩니다. 그리고 이듬해 진달래꽃이 필 때까지 무려 11달 동안 세상 모르고 쿨쿨 잠을 잡니다.

옛말에 이른봄에 나비보다 벌을 먼저 보면 그 해는 일을 죽도록 하고, 벌보다 나비를 먼저 보면 나풀나풀 유유자적 날아다니는 나비처럼 한 해를 즐기면서 지낸다고 합니다. 그만큼 추워 꽃이 거의 피지 않는 이른봄에 나비를 보면 횡재한다는 얘기입니다. 그런 나비를 키우는 족도리풀은 응달지고 기름진 땅에서 삽니다. 그 기름진 땅이 사람들을 위한 공간으로 개발되면서 자꾸 사라지고 있습니다. 작년까지 멀쩡하게 있었던 숲 바닥은 뒤집어져 어느새 포장도로로 변해 있습니다. 생물들은 자연재해에 의해 파괴

1.알에서 갓 나온 애호랑나비 애벌레와 2.성장한 애벌레

된 환경에 대해서는 스스로 회복할 수 있는 능력을 가지고 있습니다. 하지만 인간의 간섭에 의해 파괴된 환경을 치유하기에는 역부족입니다. 왜냐하면 생물 스스로 가지고 있는 치유 능력을 발휘하기에는 인간 간섭에 의한 파괴 속도가 너무 빠르기 때문입니다. 만일 족도리풀이 없어지기라도 한다면 애호랑나비도 살길이 막막해집니다. "있을 때 잘 해."란 말이 허투루 한 말이 아닙니다.

2. 개나리만 먹고 사는
개나리잎벌

　연말이라고 공연이 풍성합니다. 마침 풀피리 연주회에 초대받아 '불러 줄 때 가야지.' 기쁜 마음으로 갑니다. 풋풋한 연주 소리에 코흘리개 시절의 옛 추억이 생각나 나도 모르게 눈에 눈물이 고입니다. 전 어렸을 적에 전기도 안 들어온 산골에서 살았습니다. 산밑에 집이 띄엄띄엄 있으니 친구도 많지 않고 장난감은 구경도 못한 시절이라 심심하면 시냇가에 나가 사금파리 주워다 소꿉놀이 하고 물장구치고 놀았지요. 특히 봄이면 냇가 둑에 늘어선 버드나무 가지 꺾어 풀피리도 만들어 삐~ 삐~ 불곤 했습니다.

　풀잎에 입술에 대고 입김을 불어서 소리를 내는 걸 풀피리라고 하지요. 〈악학궤범〉(성종 24년에 지은 조선 전기의 음악을 집대성한 책)을 보면 풀피리는 다른 국악기와 나란히 연주되기도 했습니다. 일제 강점기 때는 강춘섭 명인이 풀피리로 산조를 연주했다고 하니 실력이 굉장했던 것 같습니다. 풀피리의 재료 중 으뜸인 것은 버드나무 잎사귀나 아카시아 잎사귀였지요. 하지만 때때로 개나리 잎사귀로도 풀피리를 만들었는데, 개나리 잎은 섬유질이 더 많아 여러 곡을 연주해도 음이 변하지 않아 제법 인기가 많았습니다. 재밌게도 옛 어른들이 풀피리를 불 때 이용했던 개나리 잎만 보면 군침을 흘리는 곤충이 있습니다. 바로 개나리잎벌입니다.

개나리잎벌은 말벌과 꿀벌과 족보가 같은 벌 집안(벌목) 식구입니다. 보통 벌의 애벌레들은 육식성이라 나방 애벌레 같은 고기를 먹고 사는데, 잎벌의 애벌레들은 초식성이라 꼭 식물의 잎사귀만 먹고 삽니다. 그래서 이름에 '잎벌'이 들어가는데, 진화상으로 보면 잎벌은 벌목 식구들 가운데 비교적 원시적인 그룹에 속합니다. 특이하게 잎벌 애벌레들은 입맛이 까다로워 자신이 좋아하는 식물만 정해 놓고 먹습니다. 그 가운데 봄이면 우리나라 방방곡곡에서 흔히 볼 수 있는 '개나리잎벌'은 오로지 개나리 잎사귀만 골라 먹습니다. 개나리는 집 울타리, 공원, 길가 등에 엄청나게 많이 살지만 산에서는 거의 살지 않습니다. 만일 산에 있다면 그건 누군가가 조경수로 옮겨다 심은 것입니다. 그러니 개나리 잎으로 끼니를 때우는 개나리잎벌을 산에서 보기란 쉽지 않습니다. 아이러니하게도 개나리가 조경수로 사람들의 사랑을 듬뿍 받는 바람에 개나리 잎에 세 들어 사는 개나리잎벌의 가혹한 수난사가 시작됩니다.

봄이 되면 물감을 풀어놓은 듯 온 세상을 노랗게 물들이는 개나리꽃. '화무십일홍'이라고 개나리꽃은 열흘도 못 버티고 지기 시작하면 잎이 파릇파릇 돋아나기 시작하는데, 이제부터는 개나리잎벌 세상입니다. 이맘때면 어미 개나리잎벌이 돋아나는 개나리 새잎에 알을 낳기 위해 개나리 밭을 분

개나리 잎 뒤에 숨은 개나리잎벌 애벌레

주하게 들락거립니다. 알 낳을 만한 잎을 골랐는지 어미 개나리잎벌은 조심조심 잎 위에 앉습니다. 혹시 힘센 포식자에게 잡아먹히지나 않을까 머리를 이리저리 움직이며 주변을 살피더니 얼른 배 꽁무니를 잎에 대고 알을 낳습니다. 그런 후 번개처럼 재빨리 날아 또 다른 잎으로 옮겨가 또 알을 낳고 또 알을 낳습니다. 그렇게 어미는 모두 100개 정도 알을 연거푸 낳고 세상을 떠납니다.

열흘 정도가 지나자 드디어 개나리 잎에 붙은 알에서 아기 개나리잎벌이

잎벌류 어른벌레

태어납니다. 한배에서 태어난 형제자매들은 약속이나 한 듯이 잎사귀 뒷면에 모두 모입니다. 이제부터 번데기가 될 때까지 공동생활을 합니다. 같이 먹고 같이 쉬고 같이 똥도 싸고 같이 이사 다니고 같이 잠도 자고……. 아기 개나리잎벌들은 다 자랄 때까지도 꼭 붙어다닙니다. 사람 같으면 며칠만 같이 지내도 의견이 안 맞아 싸우련만 녀석들은 거의 한 달 동안 아무 다툼 없이 합숙하며 한솥밥을 먹습니다. 한자리에 모인 아기들은 누가 먼저랄 것도 없이 개나리 잎사귀를 아삭아삭 뜯어먹기 시작합니다. 그렇게 일주일 정도

4장 아옹다옹 살아가는 식물과 곤충 111

를 쉼 없이 먹고 나면 녀석들의 몸집은 몰라보게 커져 먹성도 커집니다.

녀석들은 왜 모여 살까요? 포식자를 피하기 위해서지요. 녀석들 주변에는 새, 말벌, 개구리 등 힘센 포식자들이 들끓습니다. 혼자 산다는 건 보통 강심장 아니고는 위험한 일이지요. 여러 마리가 잎사귀에 딱 붙어 있으면 언뜻 보기에 굉장히 큰 벌레인 것처럼 착각을 일으켜 적이 되레 놀랄 수도 있습니다. 벌레 세계에서도 "뭉치면 살고 흩어지면 죽는다."는 말은 통합니다.

마침 먹음직한 개나리 잎사귀 위에 온몸에 털이 북슬북슬 난 개나리잎벌 새끼들이 득실득실하군요. 녀석들이 잎의 뒷면에 숨어 있어 앞쪽에서 보니 새까만 머리통만 보입니다. 그런데 녀석들이 식사하는 모습이 정말 가관입니다. 잎사귀 위에 물샐틈없이 빽빽이 줄 맞춰 앉아서 몸은 움직이지 않고 머리만 좌우로 시계추처럼 왔다 갔다 하면서 밥을 먹으니 말입니다. 세어 보니 10마리 정도. 서로들 꼭 붙어 있어 움직일 수조차 없으니 땀띠가 나지 않을까 괜한 걱정을 합니다. 이렇게 많은 식구가 모여 식사를 하니 잎 하나를 게눈 감추듯 금방 먹어 치웁니다. 잎 하나를 다 먹으면 바로 옆 잎으로 떼를 지어 이사를 가 거기서 또 폭식을 합니다. 그래서 먹성 좋은 녀석들이 지나간 자리엔 개나리 잎은 하나도 안 남고 초토화 됩니다. 그러니 조경하는 사람들에겐 눈엣가시입니다.

더구나 개나리가 도시의 울타리, 공원, 길가에 많다 보니 녀석은 사람들 눈에 금방 띕니다. 한술 더 떠 아기 개나리잎벌은 송충이같이 생긴 데다 이동할 때는 꿈틀꿈틀 기어다녀 좀 징그럽습니다. 새까만 몸에 수많은 털까지 뒤덮여 있어 처음 보는 사람들은 '꺄악!' 하고 비명을 지르며 '벌레 씹은

1·2. 개나리잎벌 애벌레

얼굴'을 하며 도망칩니다. 사정이 이렇다 보니 녀석을 본 사람들은 "저 징그러운 벌레를 제발 없애 주세요!" 하며 관련 기관에 민원이 넣습니다. 벌레보다 민원을 무서워하는 요즘 민원이 접수되기 무섭게 아무 죄 없는 어린 개나리잎벌은 살충제 세례를 받고 힘 한 번 못 쓰고 초록색 거품을 토하며 죽어 갑니다. 도시마다 봄이면 얼마나 살충제를 뿌려 대는지 개나리잎벌이 씨가 다 마를 지경입니다. 개나리잎벌이 죽으면 그것으로 끝나는 게 아닙니다. 녀석이 사라지면 도시에서 개구리나 새도 보기 힘들어집니다. 개나리잎벌 애벌레가 활동하는 시기는 새들이 낳은 알에서 새끼 새들이 깨어나 자라는 시기와 맞물립니다. 아기 개나리잎벌을 모조리 싹 쓸어 죽여 버리면 고단백질 곤충 밥을 먹고 크는 어린 새들은 어찌 될까요? 이런 식으로 가다간 이제 도시에서 새가 둥지를 트는 광경을 보기란 하늘의 별 따기만큼이나 어려운 날이 올지도 모릅니다.

더구나 개나리는 우리나라에서만 사는 특산식물이라 개나리 학명 *Porsythia koreana*에 '코리아나'가 들어가 있지요. 따라서 그 개나리 잎을 먹고 사는 개나리잎벌도 우리나라에서만 삽니다. 아마 개나리잎벌이 우리나라에서 다 죽는다면 지구에서 영영 멸종될 수도 있습니다.

　얼마 전에 집 근처의 하천 길을 걷는데, 웬 살수차가 산책길에 턱 버티고 있습니다. 놀랍게도 살충제를 뿌리고 있었지요. 며칠 후에 ○○구 주민 걷기 대회가 있어 미리 살충제를 뿌린다고 합니다. 그 살충제를 맞고 죽어 갈 아기 개나리잎벌을 생각하니 문득 아우슈비츠 수용소에서 가스 세례를 받고 죽어 간 수많은 사람들이 떠올라 몸서리가 쳐집니다. 생명은 다 같은 것. 사람이나 벌레나 새나 개구리나 모두 살아 숨을 쉰다는 건 아름다운 것입니다. 이제 벌레가 징그럽다고 민원을 넣을 게 아니라 살충제를 뿌리면 민원을 넣어야 할 때입니다.

3. 애기똥풀을 찾아온
곤충 손님

꽃 피는 사월입니다. 찬란한 봄 햇살이 날마다 대지 위에 쏟아집니다. 이제나 올까 저제나 올까 봄이 오기만 애타게 기다리던 꽃들이 죄다 피기 시작합니다.

서양민들레꽃, 냉이꽃, 꽃다지꽃, 별꽃, 봄맞이꽃……. 길옆 풀밭엔 애기똥풀 꽃 세상입니다. 노란 애기똥풀꽃이 피어나 아기처럼 방실방실 웃습니다. 봄바람까지 살랑살랑 불어오니 노란 애기똥풀꽃 수십 송이가 금물결처럼 출렁입니다. 눈부시게 어여쁜 애기똥풀꽃을 알고 지낸 게 언제쯤일까? 아마도 서른 살도 훨씬 넘어서인 것 같습니다. 그래서인지 애기똥풀꽃만 보면 시 한 수가 생각납니다. 한 구절 한 구절 어찌 그리 다 내 이야기인지…….

애기똥풀

　　나 서른다섯 될 때까지
　　애기똥풀 모르고 살았지요
　　해마다 어김없이 봄날 돌아올 때마다
　　그들은 내 얼굴 쳐다보았을 텐데요

　　코딱지 같은 어여쁜 꽃
　　다닥다닥 달고 있는 애기똥풀
　　얼마나 서운했을까요

　　애기똥풀도 모르는 것이 저기 걸어간다고
　　저런 것들이 인간의 마을에서 시를 쓴다고
　　　　- 안도현 〈그리운 여우〉에서

　한 구절 한 구절 읊을 때마다 적어도 사는 동안만이라도 우리 곁에서 동고동락하는 야생화의 이름 정도는 알아야겠다, 들에 피어나는 작은 생명들에게 한 번 더 눈길을 주고 마음을 줘야겠다…… 이런 생각이 듭니다.
　애기똥풀은 봄부터 가을까지 일 년 내내 우리 주변에서 꽃을 피웁니다. 너무 흔해서인지 늘 무심코 지나치기 일쑤입니다. 마침 길옆에 피어난 애기똥풀꽃을 들여다봅니다. 탐스러운 꽃과 꽃봉오리가 줄기 끝에 주렁주렁 매

애기똥풀 수술을 핥고 있는 꽝꽃등에

달렸네요. 애기똥풀에게 미안하지만 옆으로 길게 뻗친 잎사귀 하나를 따 봅니다. 헉! 잘려진 부분에서 노란 즙이 방울방울 배어 나와 이슬방울처럼 동그랗게 맺힙니다. 줄기도 살짝 따 봅니다. 역시 줄기에서도 노란 눈물이 나옵니다. 그러고 보니 애기똥풀은 엄살쟁이로군요. 살짝 상처만 나도 '노란 피'를 흘리니 말입니다. 그런데 이 '노란 피'는 마치 갓난아기가 젖을 먹고 싼 묽은 똥하고 똑 닮았군요. 그래서 '애기똥풀'이라고 부른다지요. 또 어떤 이는 노란 즙이 젖처럼 천천히 배어난다 하여 '젖풀'이라고 부릅니다. 애기똥풀이든 젖풀이든 부르면 부를수록 방긋 웃는 아기 얼굴이 떠올라 절로 입가에 미소가 번집니다.

알고 보면 '노란 피'는 애기똥풀이 비상시에 대 방출한 독 물질입니다. 조금만 꺾여도 흐르는 애기똥풀의 노란 즙에는 독성이 듬뿍 들어 있습니다. 독의 주범은 프로토핀^{protopine}, 켈리도닌^{chelidonine}과 호모켈리도닌^{homochelidonine} 같은 알칼로이드 물질입니다. 우리가 잘 아는 피나물도 애기똥풀과 비슷한 알칼로이드 성분을 가지고 있습니다. 애기똥풀이 이렇게 독한 노란 피를 흘리는 이유는 살아남기 위해서지요. 애기똥풀의 신분은 식물. 위험이 닥쳐도 한 발짝도 움직일 수 없는 신세라 초식 곤충들이 달려들어 자신을 뜯어먹어도 항의 한 번 못하고 매번 당합니다. 그래서 자신을 지키기 위해 독 품은 알칼로이드 물질을 만들어 줄기나 잎사귀에 저장해 둡니다. 물론 오랜 독성 물질이 하루아침에 만들어진 것은 아니고 오랜 세월 적응 과정을 통해 만들어진 것이지요. 다행히 그 독성 물질이 들어 있는 노란 즙 덕분에 곤충들이 감히 뜯어먹을 생각을 못합니다. 재밌게도 사람들은 그 노란 즙을 진통제나 습진과 사마귀 없애는 약으로 쓰기도 합니다(민간요법). 노란 즙에는 해독 성분이 있어서 벌레나 뱀에 물렸을 때 잎과 줄기에서 생즙을 내어 상처에 바른다니 애기똥풀은 사람에게 베풀고 있습니다.

잎사귀엔 독이 가득 들어 있는데, 꽃도 독을 품고 있을까요? 아닙니다. 되레 꽃에는 영양 만점인 꽃가루와 꿀이 듬뿍 들어 있지요. 그래서 곤충들이 잎사귀와 줄기에는 얼씬도 못하고 꽃으로, 꽃으로 몰립니다. 애기똥풀은 몸에 온통 독을 품고 있지만 꽃 피우는 데 별나게 공을 들입니다. 혼자서는 결혼을 못하니 중매쟁이 곤충을 모셔 와야 하니까요. 중매쟁이의 마음을 사로잡기 위해 식물은 있는 것 없는 것 다 동원해서 투자를 엄청 많이 합니다. 꽃 피

1.애기똥풀 2.애기똥풀의 노란 즙

우는 데는 엄청난 에너지가 들어가는데, 밤낮 쉬지 않고 광합성을 해 만든 영양분을 통 크게 써서 꽃을 피웁니다. 꽃잎은 곤충들이 좋아하는 노란색으로 만들고, 수술도 수십 개를 만듭니다. 무엇보다도 수술에 공을 가장 많이 들이는데, 암술 한 개를 빙 둘러싼 수십 개의 수술머리에 수억 개도 넘는 꽃가루를 더덕더덕 붙여 놓습니다.

치장은 여기서 끝나지 않습니다. 애기똥풀은 사람이 볼 수 없는 자외선을 마음대로 이용합니다. 꽃의 한가운데서는 자외선을 많이 반사시키고 꽃의 바깥쪽에선 자외선을 흡수하는 꽃을 만듭니다. 그러면 사람 눈에는 애기똥풀꽃이 노란색으로 보이지만, 곤충의 눈에는 더 이상 노란 꽃이 아닙니다. 즉 한가운데는 까맣고 바깥쪽은 허연색으로 보입니다. 자외선을 반사한 꽃의 한가운데에는 수억 개도 넘는 꽃가루와 열매를 잉태할 암술이 붙어 있습니다. 그래서 곤충들이 애기똥풀꽃에 도착하면 망설임 없이 막바로 꽃 한가

운데로 직진하는 것이지요. 자외선을 보는 곤충도 대단하지만 자외선을 이용해 곤충을 끌어들이는 애기똥풀 꽃은 더 대단합니다. 따지고 보면 애기똥풀은 사람의 마음이 즐겁고 행복하라고 꽃을 피우는 게 아닙니다. 그저 중매쟁이 곤충들의 맘을 통째로 흔들어 놓기 위해 피는 것입니다.

지성이면 감천이라 했습니다. 이렇게 공을 들여 꽃을 피우니 중매쟁이 곤충들이 알아서 줄줄이 날아옵니다. 마침 꽃등에가 '부웅~~' 노란 애기똥풀 꽃에 반해 날아듭니다. 녀석은 꽃 위에서 멈칫거리더니 잠시 공중 비행을 합니다. 뭐가 맘에 안 드는지 방향을 틀어 휭~ 날아가 버립니다. 푸짐한 꽃밥상을 두고 가기 아쉬웠는지 금방 다시 날아와 꽃 위에 살포시 내려앉습니다. 색동옷을 곱게 차려입은 꽃등에가 노란 꽃 위에 앉으니 참 어여쁘군요. 녀석은 긴장을 했는지 두 날개에 힘이 잔뜩 들어가 있습니다. 먹을까 말까, 머리를 이쪽으로 돌렸다 저쪽으로 돌렸다, 주둥이를 찔끔 내밀었다 얼른 쏘옥 집어넣었다 감질나게 입질만 합니다. 그러다 안심이 되었는지 주둥이를 쭉 내밀어 노란 꽃가루에 정확히 갖다 댑니다. 그러고선 가마솥의 누룽지라도 긁듯이 도톰한 주둥이로 꽃가루를 쓱쓱 핥아먹습니다. 그러는 사이에 녀석의 온몸에 꽃가루가 듬뿍 묻습니다.

세상에 공짜 밥은 없습니다. 애기똥풀한테 이리도 후한 대접을 받았는데, 그냥 말 수 없지요. 이제 곤충들이 꽃가루로 진수성찬을 차려 준 애기똥풀에게 보답을 할 차례입니다. 보답이라야 별것 아니고 중매만 서 주면 됩니다. 즉 녀석은 다른 꽃으로 날아가 몸에 묻은 꽃가루를 다른 꽃에 묻혀 주기만 하면 됩니다. 이렇게 풀밭에선 애기똥풀과 곤충들이 때로는 신경전을 벌이기도 하고 때로는 사이좋게 돕기도 하면서 아옹다옹 살아갑니다.

사람 사는 세상에도 '공짜 밥'이 없는 건 마찬가지. 이만큼 살아 보니 공짜 밥에는 언젠가 탈이 날 무서운 독이 숨어 있고 또 무엇인가 퍼 주면 언젠간 어떤 형태로든 돌아오더군요. 한참 전에 인문학 강연에서 들은 말이 생각납니다. 나라를 잘 다스리던 중국의 어느 왕

1.애기똥풀 꽃가루를 먹는 옆검은꽃하늘소와
2.호리꽃등에

이 어떻게 하면 자신이 죽은 후에도 백성들이 태평성대를 누릴 수 있을까 고민했습니다. 그래서 저명한 학자들에게 대대손손 잘 살 수 있는 방법을 찾아서 보고하라고 했더니 몇 달 후 두꺼운 책 3권을 들고 와 "전하, 이 책에 만백성이 잘 살 수 있는 지혜가 들어 있습니다."라고 했더랍니다. 왕은 그 두꺼운 책을 언제 다 읽느냐며 한 권으로 요약하라고 돌려보냈지요. 또 총명한 학자들은 몇 날 밤을 새우며 한 권으로 요약했는데, 이번에도 퇴짜를 맞았지요. 왕이 쭉 훑어보더니 한 장으로 줄여 오라고 했습니다. 학자들이 머리를 짜내 한 장으로 요약한 걸 보더니 드디어 왕이 흡족해 하면서 고개를 끄덕였습니다. 그 한 장에는 "세상에 공짜는 없다."라는 말이 쓰여 있었지요. 이 말을 듣는 순간 '탁' 무릎을 쳤습니다. 곤충과 꽃들의 관계가 바로 이런 것이지요. 이것만 제대로 안다면 얼마나 지혜롭게 살 수 있을까요?

4. 오리나무와 오리나무잎벌레

꽃피는 사월 구름 속에 숨었던 해가 반짝 얼굴을 내밉니다. 봄 햇살이 살포시 내려앉으니 어느새 숲 바닥은 따스하게 데워집니다. 숲 가장자리의 오리나무에 새잎이 돋아나고 동고비 한 마리도 오리나무 줄기를 오르락내리락하며 봄을 희롱합니다. 고요하고 서정적인 봄 정경에 취하니 김소월의 시가 떠오릅니다.

산

산새도 오리나무
우에서 운다
산새는 왜 우노, 시메산골
영嶺 넘어 갈라고 그래서 울지

눈은 내리네 와서 덮이네

오늘도 하룻길은

칠팔십 리

돌아서서 육십 리는 가기도 했소

불귀^{不歸} 불귀 다시 불귀

산수 갑산에 다시 불귀

사나이 속이라 잊으련만

십오 년 정분을 못 잊겠네

산에는 오는 눈, 들에는 녹는 눈

산새도 오리나무

우에서 운다

산수 갑산 가는 갈은 고개의 길

　　　　　- 김소월

시의 첫 구절은 이렇게 오리나무로 시작합니다. 왜 새가 그냥 나무 위에서 운다고 하면 될 걸 굳이 오리나무 위에서 운다고 했을까? 곰곰이 생각해 보면 답이 나옵니다. 옛날에는 거리를 표시하기 위해 나무를 심었는데, 이름 그대로 오리나무는 오 리마다 한 그루씩 심고 시무나무는 십 리마다 한 그루씩 심었지요. 오 리는 약 2킬로미터의 거리이니 오리나무는 2킬로미터

물오리나무 잎을 먹고 있는 오리나무잎벌레

마다 심었던 나무인 셈입니다. 그러니 소월은 고향 산수갑산을 떠나 다시는 되돌아갈 수 없는 유랑의 길을 나서는 마음을 오리나무를 통해 그려 냈습니다. 고개 너머 먼 길 떠나는 산새도 갈 길이 멀기 때문에 오 리마다 심은 이정표 나무에서 운다고 했지요. 나무에 자신의 심정을 버무린 소월의 서정적이고 생태적인 혜안이 빛납니다.

산새도 앉아 울고 가는 오리나무엔 터를 잡고 사는 생물들이 많습니다. 곤충, 거미, 새, 청개구리, 도마뱀, 노래기 등등. 그 가운데 오리나무와 바늘과 실처럼 관계가 돈독한 벌레가 있습니다. 바로 오리나무잎벌레. 오리나무 잎을 먹고 사는 벌레라 해서 지어진 이름이니 한 번만 들어도 기억하기 쉽습니다. 족보가 딱정벌레목인 오리나무잎벌레는 조상 대대로 오랜 진화 과정을 통해서 여러 식물 중에서 오로지 오리나무 잎사귀만 먹게 되었습니다. 다른 식물의 잎을 먹었다간 그 식물이 내뿜는 독성 물질에 중독되어 죽을 수도 있기 때문에 아무리 배

1.오리나무잎벌레의 알과 2·3.애벌레

고파도 오리나무류 이외의 다른 식물은 입에도 안 댑니다.

이른봄 낙엽 더미 속에서 겨울잠을 자던 오리나무잎벌레가 잠에서 깨어나 오리나무를 찾아옵니다. 종종걸음으로 줄기를 타고 오르더니 파릇파릇하게 새로 돋아난 잎으로 갑니다. 그리고선 주둥이를 잎에 박고 야금야금 잎을 뜯어먹기 시작합니다. 녀석의 몸집은 꼭 메주콩만 하고, 몸색깔은 짙은 구청색입니다. 피부엔 윤기가 자르르 흘러 마치 사파이어 보석같이 반짝반짝 빛이 납니다. 생긴 건 예쁜 녀석이 식사하는 습관은 안 좋아 자리를 옮

겨 가며 여기서 찔끔 저기서 찔끔 밥을 먹습니다. 그래서 녀석이 먹고 남은 잎사귀엔 망사 스타킹같이 구멍만 숭숭 뚫려 있습니다.

녀석은 오리나무 잎에서 식사를 하면서 맘에 드는 짝을 만나면 짝짓기를 하고 노란 알을 잎 뒷면에 낳고 죽습니다. 알은 대략 60개에서 70개를 낳는데, 이때 풀 같은 끈적끈적한 분비물도 같이 나와 알이 잎사귀에 잘 붙게 해줍니다. 열흘 정도가 지나면 알에서 오리나무 애벌레가 태어납니다. 애벌레도 역시 오리나무 잎을 먹으며 무럭무럭 자랍니다. 애벌레가 모두 두 번의 허물을 벗으며 다 자랄 때까지는 20일 정도가 걸립니다. 애벌레의 몸색깔은 까만색인데, 건드리면 '이슬폭탄(방어 물질)'을 내뿜습니다. 등 쪽 피부에서 이슬방울 같은 주머니가 불쑥 튀어나와 '나 무섭지?' 하며 포식자를 위협하는 것이지요. 그 분비물에서는 오리나무 특유의 고약한 냄새가 나는데, 손끝으로 만져 보면 끈적거립니다. 지혜롭게도 녀석은 오리나무 잎에서 원료를 가져다 자신을 지키는 방어 물질을 만든 것입니다.

그러고 보면 오리나무는 오리나무잎벌레에게 편안한 종합 복지 시설이 되어 줍니다. 어떤 때는 식당, 어떤 때는 짝을 만나는 데이트 장소, 어떤 때는 알 낳는 산부인과 병원, 어떤 때는 아기를 키우는 육아실이 되어 주니 말입니다. 결국 오리나무가 없으면 오리나무잎벌레는 살길이 막막합니다.

오리나무 잎을 먹고 잘 자란 애벌레는 번데기 시절을 거쳐 초여름에 어른으로 변신합니다. 특이하게도 이 녀석들은 잠시 초여름에 나와 오리나무 잎으로 영양 보충을 하고선 쥐도 새도 모르게 자취를 감춥니다. 어디로 간 것일까요? 더운 여름을 피해 다들 여름잠을 자러 땅속으로 갔습니다. 녀석들도 사람들처럼 덥고 습한 여름철 날씨를 견디기 힘들었나 봅니다. 그래서 차라리 여름 내내 잠을 자고 내친김에 가을과 겨울까지 아예 잠을 잡니다. 이듬해 봄 오리나무의 새잎이 돋아날 즈음에 깨어나니 무려 10달 정도 잠만 자는 잠꾸러기입니다.

이렇게 녀석이 여름잠과 겨울잠을 자는 것을 '휴면'이라고 합니다. 낮의 길이, 온도, 습도 등 여러 환경 조건들이 안 좋을 경우 곤충은 자신의 발육을 정지시키는 휴면 상태로 들어갑니다. 대부분의 곤충은 휴면 기간은 짧지만 희한하게 오리나무잎벌레는 긴 편입니다. 더 재밌는 건 오리나무잎벌레는 봄이 되어 새잎을 먹어야만 알을 낳을 수 있습니다. 그 이전에는 알을 낳을 수 없고 일정한 기간 동안 잠을 자야지 생식 능력이 생깁니다. 이런 경우를 생식 휴면이라고 합니다. 사람으로 치면 다 자란 어른이 잠을 적게 잤다고 아기를 못 갖는 거나 마찬가지니 곤충의 세계는 알면 알수록 신비롭습니다.

우리나라에서 한때 오리나무잎벌레를 산림 해충으로 몰아가 살충제를 대대적으로 뿌린 적이 있습니다. 그때 오리나무잎벌레뿐만 아니라 다른 죄 없는 생물들도 영문도 모른 채 많이 죽어 나갔습니다. 아이러니하게도 그건 '나무만' 너무 사랑해서 일어난 어리석은 일이었지요. 나무만 살리겠다고 나무에 깃들어 사는 다른 생명들은 안중에 없었으니 말입니다. 멀리 보고 크게 보면 생태계에서 곤충과 초식 동물은 결코 자신의 밥인 식물을 죽이지 않습니다. 오리나무잎벌레 또한 자신의 밥인 오리나무를 다 먹어 치위 죽였다간 자신도 굶어 죽을 건 빤하기 때문이지요. 자연은 그냥 놔두기만 해도 그들만의 법칙으로 잘 돌아갑니다. 설마 또 벼룩 잡겠다고 초가삼간 태우는 일이 일어나지는 않겠지요.♣

5장_ 곤충들의 결혼 풍속도

1. 결혼의 조건
사슴벌레

  살다 보니 어느새 귀밑머리가 희끗희끗. 정말 오랜만에 대학동창들이 모였습니다. 따져 보니 근 30년 만입니다. 세월은 물처럼 흘렀건만 모습은 다들 예전 그대로입니다. 수십 년 묵은 얘기가 꽃을 피웁니다. 아이들 얘기부터 급기야는 통일 문제까지 그야말로 얘기들이 거국적입니다. 물론 아이들 시집장가 보내는 얘기도 빠지지 않습니다. 신랑집에선 뭘 해 줘야 하고, 신부집에서는 뭘 준비해야 하고, 신부 엄마의 마음가짐은 저래야 하고, 신랑 엄마의 마음가짐은 이래야 하고, 시집장가 보내는 데 드는 정신적, 경제적 고충은 어떻고……. '요즘 결혼 풍속도' 얘기를 듣다 보니 문득 '뿔(큰턱)'만 가지고 장가가는 사슴벌레가 떠올라 혼자 빙그레 웃습니다.

  무더운 여름 밤 숲속 나무껍질에선 갈라진 곳으로 시큼하고 달착지근한 나무진이 화선지에 먹물 스미듯 스며 나옵니다. 벌써 '나무진 옹달샘'엔 밤벌레들이 모여 나무진 만찬을 즐깁니다. 거기엔 육중한 사슴벌레도 끼어 있군요. 카리스마 철철 넘치는 '뿔'이 달린 걸 보니 수컷입니다.

그때 다른 사슴벌레가 '나무진 옹달샘'에 부웅~ 요란하게 날아옵니다. 집게 같은 튼튼한

애사슴벌레 수컷과 암컷이 만났다.

뿔이 달린 걸 보니 역시 수컷입니다. 순간 나무진 옹달샘에 모여 사이좋게 식사하던 곤충들이 화들짝 놀라 이리저리 흩어집니다. 이제 나무진에 남은 건 수컷 두 마리. 원수는 외나무다리에서 만난다더니 순식간에 긴장감이 팽팽 돕니다. 녀석들은 뿔을 번쩍 치켜들고 '맞짱'을 뜨려는 듯 서로를 노려봅니다. 공격 개시! 집게 같은 무시무시한 뿔을 부딪치며 한 녀석이 다른 녀석을 내동댕이치고, 이에 질세라 버둥대던 또 다른 녀석이 뿔로 번쩍 들어 내동댕이쳐 저쪽으로 던져 버립니다. '네가 힘이 세냐? 내가 힘이 더 세냐?' 힘자랑이라도 하듯이 인정사정 볼 것 없이 싸웁니다. 그렇게 한참을 치고받고 싸움을 벌이더니 한 녀석이 꼬리를 바짝 내리고 어둠 속으로 사라집니다. 싸움에서 이긴 사슴벌레는 위풍당당하게 자랑이라도 하듯 자신의 뿔을 이리저리 휘두르며 암컷에게 다가갑니다. 이제 싸움에서 이긴 수컷은 암컷에게 1등 신랑감으로 '간택'되기만을 기다립니다. 마침 옆에서 지켜보던 암컷은 두말없이 뿔싸움에서 이긴 수컷을 신랑감으로 점찍습니다.

수컷은 당당하게 걸어서 암컷에게 다가가고, 암컷은 두말없이 수컷과 결혼을 합니다. 결혼식이라야 단출합니다. 사람처럼 으리으리한 결혼식장도

필요 없고 그 많은 하객도 필요 없습니다. 오로지 단 둘이만 있으면 결혼이 성립되니 얼마나 경제적인지 모릅니다. 복잡한 모든 절차를 생략하고 신랑과 신부는 곧바로 나무껍질 아래 아무도 보이지 않는 아늑한 곳에서 짝짓기를 합니다. 누가 방해만 하지 않으면 부부는 오래오래 사랑을 나눕니다.

  그런 후 신랑은 어디론지 떠나 버리고 신부만 달랑 혼자 남아 일생일대의 최대 프로젝트를 진행합니다. 그 프로젝트는 다름 아닌 알 낳기! 신부 사슴벌레는 알을 낳을 명당을 찾으러 이리저리 돌아다니다 쓰러진 굵직한 오리나무를 발견. 아름드리 오리나무는 아무리 봐도 자신의 아기가 자라기에 안성맞춤입니다. 신부 사슴벌레는 나무줄기에 올라가더니 배 꽁무니를 나무 속에 대고선 알을 정성껏 낳아요. 알을 낳고선 힘이 많이 빠져 오래 살지 못하고 가을이 되기 전에 죽습니다. 그래도 알을 낳아 대를 이었으니 조상 볼 면목은 있으니 죽어도 여한이 없습니다.

  알에서 깨어난 아기 사슴벌레는 나무속에서 애벌레 평생을 삽니다. 그 흔한 외출을 한 번도 못하고 깜깜한 나무속에서 썩은 나무를 먹고 일 년도 넘게 지냅니다. 그걸 아는지 모르는지 사람들은 숲 바닥에 쓰러져 누워 있는 나무 꼴을 못 봅니다. 어떻게 하면 저걸 가져다 겨울 난로용 땔감으로 쓸까, 어떻게 하면 숯으로 만들어 고기 바비큐 파티 할 때 쓸까, 어떻게 하면 숲 바닥을 깨끗이 치워 환경 미화를 잘 할까 하는 데만 골몰합니다. 자연은 가만히만 놔두면 저들끼리 알아서 환경 미화를 너무도 잘 하는데 무슨 환경 미화가 더 필요한지 도무지 이해가 안 됩니다. 아무튼 영문도 모른 채 아기 사슴벌레들은 어느 집의 난로에서, 어느 숯불구이 집에서 '탁 탁 탁' 나무 타는 소리와 함께 소리소문 없이 흔적도 없이 화장당합니다.

다행히도 사람의 손과 힘센 포식자의 공격을 잘 피한 아기 사슴벌레는 초여름이 되면 번데기를 거쳐 뿔 달린 어른 사슴벌레로 부활합니다.

알고 보면 수컷 사슴벌레가 우람한 뿔을 달고 사는 건 목숨을 건 모험입니다. 뿔이 크니 천적에게 들키기 쉽고 나무진 먹기도 영 불편합니다. 그래도 어쩌겠습니까? 뿔이 큰 데에는 그만한 사정이 있습

1. 사슴벌레류 애벌레 2. 다우리아사슴벌레 수컷
3. 톱사슴벌레 수컷

니다. 암컷은 사람들처럼 학벌도 돈도 외모도 보지 않고 오로지 우람한 뿔 달린 수컷만 좋아하니 말이지요. 그러니 어떻게 하든 암컷에게 잘 보여 자신의 유전자가 선택이 되어야 하기 때문에 모험쯤은 감수해야 합니다. 결혼 조건치고는 참 쿨합니다. 반갑게도 '작은 결혼식' 운동이 번지는 요즘 이것저것 따지는 사람들보다 몸뚱이 하나만 달랑 가지고 결혼하는 사슴벌레가 어느 면에서는 한 수 위인 것 같습니다.

2. 결혼 지참금이 필요해
밑들이

신부의 결혼 지참금 하면 제일 먼저 떠오르는 나라는 인도입니다. 지참금이 모자라 신부가 자살하거나 신부를 불태웠다는 이야기가 심심찮게 흘러 나옵니다. 며칠 전에도 결혼 지참금 문제로 22살의 꽃다운 인도 여성이 어린 딸과 함께 남편과 시부모가 석유를 끼얹어 지른 불에 타 죽은 뉴스가 인터넷 공간을 도배했습니다. 작년 한 해 동안 인도에서 지참금 때문에 죽음을 당한 여성이 자그마치 8,233명이라니 치가 떨리고 끔찍해 자다가도 벌떡 일어날 일입니다. 인도 신부는 시집가려면 우리 돈으로 약 380만 원을 지참금으로 신랑집에 줘야 한답니다. 이 돈은 굉장히 큰돈이라 한 가구당 연봉의 5배나 됩니다. 딸 시집보내는 것만 해도 가슴 아픈데 지참금까지 있어 인도의 딸 가진 부모는 등골이 휩니다. 요즘 우리나라에서도 판사 사위의 불륜을 의심해 여대생을 청부 살인한 재벌 집 사모님도 세간의 이목을 끌었지요. 그 판사 사위는 결혼 지참금으로 무려 7억 원을 받았다 하니 남의 나라 흉볼 일이 아닙니다.

이와 반대로 아프리카나 아랍 국가에선 신랑이 장가가려면 신부집에 지참금을 내야 합니다. 이곳에선 신랑이 결혼 경비나 혼수 비용을 다 대야 하고 심지어 신부에게도 보석이나 현금을 줘야 한다니 아들만 둘 있는 제 마음이 다 철렁합니다.

곤충 세계도 인간 세계와 다르지 않아 결혼할 때 신랑이 신부에게 지참금을 주는 경우가 종종 있습니다. 바로 밑들이가 그 주인공. '밑들이'란 녀석은 혼수품으로 신부의 마음을 사로잡아야만 장가를 갈 수 있습니다.

이름만 들어도 범상치 않을 것 같은 밑들이. 배 꽁무니, 즉 밑이 전갈처럼 하늘을 향해 치켜들려 있어 밑들이란 이름이 붙었습니다. 녀석은 생긴 것도 외계인을 닮은 데다 행동까지 굉장히 날렵합니다. 눈치는 얼마나 빠른지 미세한 움직임에도 화들짝 놀라 잽싸게 날아 도망갑니다. 한술 더 떠 암컷 밑들이는 수컷을 처음 만나자마자 짝짓기의 대가로 다짜고짜 선물을 요구합니다. 암컷 밑들이는 수컷에게 선물을 받아야만 청혼을 수락하는데, 선물이 크고 맘에 쏙 들어야만 짝짓기를 허락하고 맘에 들지 않으면 퇴자를 놓습니다. 사람이나 곤충이나 선물에 눈이 머는 건 다 똑같은가 봅니다.

수컷이 마련한 혼수품은 맛있는 '음식'입니다. 그래서 밑들이 수컷은 땡볕을 마다하고 산과 들을 헤매며 암컷에게 줄 혼수품을 찾습니다. 혼수품은 클수록 암컷이 더 잘 반합니다. 암컷은 식사하는 중에만 짝짓기를 허용하기 때문에 수컷의 입장에선 암컷에게 줄 선물이 클수록 자신의 유전자를 넘겨주는 데 유리합니다. 대부분의 곤충처럼 밑들이 암컷과 수컷은 모

5장 곤충들의 결혼 풍속도 135

참밑들이 수컷

두 바람둥이입니다. 특히 암컷 밑들이는 뛰어난 유전자를 받아들이기 위해 여러 수컷과 짝짓기를 합니다. 재밌게도 수정이 되는 과정에서 맨 나중에 짝짓기 한 수컷의 정자가 제일 먼저 수정에 이용됩니다. 그러니 밑들이 수컷의 입장에서는 자신의 정자를 지키기 위해 다른 수컷과 바람피우지 못하게 해야 합니다. 그래서 수컷 밑들이가 할 수 있는 일은 큰 먹잇감을 암컷에게 선물해서 오랫동안 짝짓기 하면서 암컷을 잡아 두는 것입니다. 일종의 정자전쟁이지요.

때마침 수컷 밑들이가 풀줄기에 매달려 있는 황다리독나방 애벌레를 발견했습니다. 나방 애벌레는 밑들이 수컷의 혼수품으로 팔려 갈 것을 예감

밑들이류 암컷

이라도 한 듯이 벌벌 떨며 꼼짝도 못합니다. 혼수품을 마련해 신이 난 밑들이 수컷은 혼수품인 황다리독나방 애벌레에게 머리를 박고선 맛을 봅니다. 그러곤 암컷을 유혹하는 성페로몬을 마구 뿜어냅니다. 곧바로 주변에 있던 암컷 밑들이가 수컷의 성페로몬 냄새에 이끌려 '짜잔' 등장합니다. 암컷이 나타나자 수컷은 식사를 딱 멈추고 잠시 머뭇거립니다. 묘한 긴장감이 감도는 와중에 암컷은 수컷이 마련한 나방 애벌레 혼수품을 멀찌감치 떨어져 살펴봅니다. 잠시 후 혼수품이 맘에 들었는지 암컷은 나방 애벌레의 몸에 곧바로 긴 주둥이를 푹 집어넣고 식사를 합니다. 이제 남은 건 결혼식. 수컷은 결혼 선물에 혼이 나간 암컷에게 날개를 파르르 떨며 다가가 짝짓

5장 곤충들의 결혼 풍속도 137

밑들이류 수컷(우)이 준비한 황다리독나방 애벌레 선물에 다가온 밑들이류 암컷

기를 시도합니다. 그러자 암컷은 밀고 당기고 할 것도 없이 곧바로 짝짓기를 허락합니다.

암컷은 짝짓기를 하면서도 열심히 먹고 수컷은 먹지도 못하고 입맛만 다시며 'L자' 모양으로 짝짓기 자세를 유지하며 암컷을 지킵니다. 약 30분 정도 걸려 결혼 선물을 다 먹어 치운 암컷이 수컷에게서 생식기를 빼내니 드디어 기나긴 짝짓기가 종료됩니다. 암컷은 미련 없이 다른 곳으로 풀쩍 날아가 알을 낳고 수컷은 아쉬운 듯 암컷이 먹다 흔적만 남긴 혼수품을 빙빙 돌며 서성입니다.

사정이 이렇다 보니 북미나 호주에서 사는 밑들이들 중엔 사기꾼도 있습니다. 어떤 녀석(*Panorpa*속)은 암컷에게 줄 결혼 선물을 훔쳐 오기도 합니다. 때때로 거미들이 저장해 놓은 먹이 창고를 습격해 거미줄에 묶여 있는 먹잇감을 슬그머니 훔쳐 오기도 합니다. 그뿐이 아닙니다. 가끔 밑들이 수컷이 결혼 선물도 안 주고 암컷을 겁탈하는 불상사가 가끔 일어납니다. 물론 암컷은 싫다고 발버둥치지만 속수무책입니다. 이 수컷은 사람으로 치면 성폭행범이라 전자 팔찌를 차고 다녀야 하지요. 그렇다고 암컷 입장에선 원치 않는 임신을 할 수도 없는 일. 암컷은 나름대로 꾀를 가지고 있습니다. 성폭행은 당했지만 암컷은 강제로 짝짓기 한 수컷의 정자가 자신의 생식관을 통과하지 못하게 막아 버립니다. 원치 않은 임신을 사전에 막는 것이지요. 그나마 불행 중 다행입니다. 성폭행이다, 성추행이다 어두운 이야기가 자주 등장하는 요즘 밑들이 암컷의 몸 구조가 부럽기만 합니다.

3. 정조대 달고 사는
모시나비

꼭 한 번 가 보고 싶은 나라 하면 인도를 늘 꼽았는데, 최근에 벌어지는 끔찍한 성폭행 사건 소식에 그 꿈은 잠시 접었습니다. 며칠 전 인터넷을 검색하다가 '중세 정조대 뺨치는 인도 성범죄 방지 패션'이란 글이 눈에 띄었습니다. 내용인즉슨 야만적 성폭행 때문에 체면을 단단히 구긴 인도는 물론이고 유럽의 패션 디자이너들까지 나서 어떻게 하면 성범죄를 방지할 수 있는 옷과 액세서리를 만들까 고민한다는 내용입니다. 성폭행 방지 재킷, 순결 벨트, 분홍색 립스틱 모양의 호신용 스프레이와 분홍색 휴대전화 모양의 전기충격기, 칼날이 내장된 목걸이 등 아이디어가 기발합니다. 그 가운데 성범죄 방지 재킷이 눈길을 끄는데, 만일 허락 없이 재킷을 만졌다간 110볼트의 전기가 흘러 만진 사람이 기절한답니다. 남성의 어처구니없는 원초적 본능이 빚어낸 웃지 못 할 비극입니다.

그런데 발상 자체가 기막히고 코막힌 물건인 정조대가 언제 만들어졌는지에 대해선 여러 설이 있습니다. 가장 많이 알려진 설은 중세 때 벌어진 십자군 전쟁과 관련이 있는데, 국어사전에도 그렇게 올라와 있습니다. 즉 십자군의 기사들이 싸움터로 떠나기 전 자신의 아내에게 정조대를 채웠다는 것이지요. 많은 전문가들이 그건 낭설이라고 주장하지만 여하튼 정조대란 발상 자체가 야만적인 풍습이니 생각만 해도 기가 찹니다.

놀랍게도 이 엽기적인 정조대가 곤충에게도 있습니다. 그것도 선녀처럼 나풀나풀 우아하게 날아다니는 모시나비가 정조대를 차고 산다니 이런 아이러니가 또 있을까요. 하지만 따지고 보면 지구에 사람보다 모시나비가 먼저 나왔으니 정조대의 원조는 곤충인 셈입니다.

모시나비의 날개는 마치 한 올 한 올 정성껏 짠 세모시 저고리 같습니다. 그 날개옷을 입고 있으면 속살이 비칠 듯 말 듯해 신비롭습니다. 더구나 색깔까지 새하얘서 꽃으로 치면 목련꽃에 버금갈 만큼 순결하고 고고해 보입니다. 그 덕에 모시나비라 부르니 이름에도 기품이 넘쳐납니다.

마침 아리따운 모시나비 두 마리가 꽃들이 가득 피어 있는 풀밭 위에서 너울너울 춤을 춥니다. 보아하니 예비 모시나비 신랑과 신부가 결혼을 하려고 맞선을 보고 있군요. 녀석들은 얼싸안고 공중에서 '사랑춤'을 춥니다. 마치 왈츠에 맞춰 춤이라도 추듯이 서로 엉켜 빙그르르 돌다가 풀어지고 또다시 얼싸안고 엉겼다가 또다시 풀어집니다. 한참 후 예비 신부가 예비 신랑에게 흠뻑 반했는지 드디어 암컷과 수컷은 풀 위에 신방을 차리고 사랑을 나눕니다.

숨죽이며 지켜보는데, 왜 이리 짝짓기를 오래할까요? 도대체 떨어질 생

모시나비 짝짓기

각을 안 합니다. 풀줄기에 매달려 미동도 하지 않고 똑같은 자세로 붙어 있습니다. 사진 찍느라 플래시가 찰칵찰칵 터져도 조금 움츠릴 뿐 도망가지도 않습니다. 얼마나 시간이 흘렀을까? 30분이 넘도록 신랑과 신부는 떨어질 줄 모르고 진한 사랑을 나누는데, 거기엔 그만한 사정이 있습니다. 신랑이 짝짓기를 마치고도 별도로 해야 할 일이 남아 있기 때문이지요.

신랑은 짝짓기 하며 신부에게 무사히 정자를 넘겼지만 이게 끝이 아닙니다. 암컷 배 끝에 뭔가를 바르는 마무리 작업에 열을 올리는데, 이 마무리 작업은 다름 아닌 정조대를 채우는 일입니다. 전쟁터로 나가는 십자군 기사도 아닌데. 신랑은 신부의 생식기에 허연색 점액 분비물을 쓱쓱 발라 자물통을 채웁니다. 이 자물통이 다름 아닌 정조대 즉, '수태낭(또는 교미낭)'입니다. 이 점액 물질은 신랑의 생식기 옆에 있는 보조분비샘$^{Accessory\ gland\ secretions}$에서 나옵니다. 야비하게 수컷은 이 분비물로 암컷의 생식기를 꼭 막아 자신의 신부가 더 이상 다른 수컷과 짝짓기를 못하게 방해합니다. 말하자면 '정자전쟁'을 벌이는 중입니다. 오로지 자신의 유전자만을 넘김으로써 자신의 종족을 번식시키려는 수컷의 본능이 빚어낸 일입니다. 사람으로 치면 의처증 환자 또는 성폭력범에 해당될 게 뻔하지만 곤충 세계에서는 합법적이니 아이러니해도 보통 아이러니가 아닙니다.

신부의 몸에 정조대를 채우기 무섭게 신랑은 뒤도 안 돌아보고 훨훨 다른 암컷을 찾아 떠납니다. 홀로 남은 암컷. 유부녀 훈장인 수태낭을 힘겹게 단 채 풀밭에 앉아 오도 가도 못합니다. 갓 만들어 붙인 수태낭엔 물기가 서려 있는데, 공기와 접촉을 하면서 차츰차츰 단단해집니다. 그러면 수태낭은 더 무거워지고, 결국 무거운 수태낭 때문에 암컷은 잘 날지도 못하고, 다른 수컷과는 짝짓기 할 엄두도 못 냅니다.

그런 암컷 모시나비를 보고 있노라니 별의별 생각이 다 듭니다.

"도대체 지금 때가 어느 때인데 아직도 정조대를 달고 살까?"

"암컷의 입장에선 여러 수컷과 짝짓기를 해야 건강한 유전자를 얻을 확

수태낭을 단 모시나비 암컷이 붓꽃 꿀을 빨고 있다.

률이 높지 않을까?"

"만일 수컷이 건강하지 못하면 그 자손은 도태되기 쉬울 텐데, 왜 암컷은 수태낭을 달도록 허락할까?"

"수컷은 중증 의처증 환자일까?"

아무튼 모시나비가 수억 년 넘게 대를 이으며 살아남은 걸 보면 그들만의 '특허품'인 수태낭이 진화 과정에서 큰 이득을 준 것은 분명합니다. 그 구체적인 이유는 아직 밝혀지지 않았지만 말이지요. 모시나비 말고도 신랑이 신부에게 정조대를

모시나비 암컷의 배에 달린 수태낭

채우는 나비가 또 있습니다. 애호랑나비, 사향제비나비, 붉은점모시나비 등도 수억 년 전부터 정조대를 매달고 살았으니 정조대의 역사는 까마득히 깁니다. 곤충 세계에도 기네스북이 있다면 아마 녀석들이 정조대를 만든 최초의 동물로 기록될 것입니다.

"아들, 딸 구별 말고 둘만 낳아 잘 기르자!"고 외치던 때가 엊그제 같은데, 그새 우리나라는 OECD 국가 가운데 출산율이 가장 낮은 나라로 손꼽힙니다. 따라서 급격한 고령화와 경제 활동 인구 감소로 국가 경제가 위협 받을 지경에 이르렀습니다. 이제는 국가가 앞장서서 출산지원금 등 여러 혜택을 주면서 아기를 더 낳으라고 야단입니다. 더구나 올해에는 백말 띠 해 미신까지 겹쳐 아기 울음소리를 듣는 일이 더 힘들어질 것 같습니다. 문득 열정적으로 번식 본능에 충실한 모시나비가 이런 상황에 있는 사람을 보면 뭐라 말할지 궁금해집니다.

6장_ 곤충들의 육아 풍경

1. 등에 업고 키우는 아빠
물자라

어제는 머리도 식힐 겸, 눈도 호강시킬 겸, 겸사겸사 영화 한 편을 보았습니다. 큰 인기몰이를 했었고, 올해 최대 관객 수를 기록한 〈7번 방의 선물〉이었지요. 큰 기대는 안 했는데, 가슴속 깊은 곳을 마구 후벼파는 슬프고도 따뜻한 영화였습니다. 보는 내내 얼마나 눈물을 쏟았는지 모릅니다. 지적 장애인 아빠는 눈에 넣어도 안 아픈 딸과 함께 행복하게 살다가 그만 일을 당합니다. 아빠는 어린아이를 유괴해 성폭행하고 살해하려 했다는 누명을 쓰고 교도소에 갑니다. 교도소에서도 자나깨나 딸 걱정은 계속되던 중 다행히 죄수 친구들의 도움을 받아 꿈에도 그리던 딸 '예승이'를 만납니다. 딸바보 아빠는 예승이와 교도소에서 웃고 울리는 에피소드를 겪으며 즐거운 시간을 보냅니다. 6살 수준밖에 안 되는 지적 장애인 딸바보 아빠의 지극한 부성애는 어느 정상인 부모에 뒤지지 않았습니다. 아직도 주인공 아빠가 '예승이' '예승이' 부르는 소리가 잔잔히 귓가를 맴돕니다.

곤충 세계에는 사람들과 달리 자식을 돌보는 일이 거의 없습니다. 부모는 수명이 짧아 대부분 알을 낳고 죽기 때문에 자식은 혼자 힘으로 살아가야 합니다. 특히 곤충 수컷들 대부분은 자식을 낳기만(짝짓기만 해서 정자만 넘겨준다) 하지 돌보지 않는 건달 아빠입니다. 하지만 예외는 있는 법. 노린재 가족 가운데 물자라의 자식 사랑은 유별납니다. 그것도 엄마가 아닌 아빠가 아기를 끔찍이 돌보는데, 곤충 세계에서는 굉장히 드문 일입니다. 엄마의 특권인 육아에 무한 도전하는 아빠 물자라! 그 따뜻한 이야기를 풀어 봅니다.

가을 한가운데입니다. 두레박으로 바닷물을 퍼 올린 것처럼 하늘이 참 파랗습니다. 햇솜 같은 뭉게구름이 몽실몽실 피어나는 하늘을 머리에 이고 연못가를 걷다가 납작 엎드려 연못 물속을 들여다봅니다. 거울같이 말간 연못 물 위에도 새하얀 뭉게구름이 두둥실 떠다니고 구름 사이로 아기 물자라가 헤엄치며 놉니다. 지난 봄 아빠 물자라가 지극 정성으로 키워 낸 녀석인가 봅니다.

봄이면 물자라 수컷과 암컷은 물결 파문을 일으켜 구애를 합니다. 그러다 서로 맘이 맞으면 물속에서 수중 짝짓기를 합니다. 짝짓기를 마친 엄마 물자라는 아빠 물자라의 널찍한 등짝 위에 턱하니 앉아 꼬물거리며 알을 낳습니다. 다 낳고선 '난 안 키워, 당신이 책임 져.' 나 몰라라 하며 알을 팽개치고 뒤도 안 돌아보고 쌩 헤엄쳐 사라집니다. 아빠 물자라의 자식 욕심은 여기서 멈추지 않습니다. 다시 물결을 일으켜 다른 암컷에게 사랑의 문자 메시지를 보냅니다. 달려온 다른 암컷도 아빠 물자라와 짝짓기를 합니

새끼를 돌보는 물자라 수컷. 알에서 애벌레가 나오고 있다.

다. 그러고선 아빠 물자라의 등짝에 알을 낳는데, 이미 다른 암컷이 낳은 알 옆에 다소곳이 낳고선 '난 안 키워, 얘들도 당신이 키워.' 하며 뒤도 안 돌아보고 가 버립니다. 이렇게 아빠 물자라는 등짝의 빈자리에 알이 다 채워질 때까지 짝짓기를 합니다. 이제 알을 돌보는 건 순전히 아빠 차지. 등짝에 낳은 알의 무게를 모두 합하면 아빠 물자라의 체중보다 두 배나 무겁습니다. 그래도 아빠 물자라는 알을 등에 업고 다니며 '손발이 다 닳도록' 정성껏 돌봅니다.

행여 알이 썩을세라 눈만 뜨면 물 표면으로 올라와 팔 굽혀 펴기 선수처럼 몸을 움직여 알에 공기가 술술 통하게 하고 알이 잘 자라게 햇볕도 쬐어줍니다. 자나깨나 80개도 넘는 알을 업고선 물위를 오르락내리락해야 하니 아빠의 허리는 휘어질 지경입니다. 게다가 제 몸보다 더 무거운 알을 늘 업고 다니니 사냥을 못해 굶기 일쑤입니다. 혹시라도 먹잇감을 사냥하려다 물풀에 걸리기라도 하면 등에 업고 다니던 알들이 떨어질 건 뻔하기 때문이지요. 차라리 굶는 게 낫지 사냥하려고 돌아다니다간 지금까지의 피나는 노력은 말짱 도루묵이니 배가 고파도 참고 또 참아야 합니다.

밤낮으로 고생하며 알들을 돌본 덕분에 드디어 아빠가 업고 다닌 알에서 아기 물자라가 깨어납니다. 알에서 아기 물자라가 태어날라치면 아빠 물자라는 물위로 알을 내밀고선 아기가 알에서 무사히 빠져나오게끔 꼼짝도 안 하고 기다려 줍니다. 아기가 한 마리 한 마리 깨어날 때마다 아빠는 몸까지 살살 흔들어 쉽게 빠져나오게 도와줍니다. 갓 태어난 아기 물자라들이 헤엄쳐 가면 아빠 물자라는 서서히 죽음을 맞습니다. 가슴이 뭉클해집니다. 이보다 더 감동적인 부성애가 있을까요? 누가 녀석을 하찮은 벌레라고 했나요!

어디 물자라뿐인가요? 지독한 부성애를 가진 동물들은 곳곳에 있습니다. 남극에선 황제펭귄 아빠가, 바다에선 해마 아빠가, 강에서 가시고기 아빠가 자나깨나 자식을 알뜰살뜰 보살피면서 일생을 다 바칩니다. 속사정이야 어떻든 '주홍글씨'를 안고 사는 미혼모가 퍼뜩 떠오른 건 왜일까요? 드라마 같은 감동적인 물자라 아빠 육아 일기를 보자니 문득 '애비 없이' 홀로 아기 키우는 미혼모가 떠올라 맘이 아려 옵니다.

2. 아기 밥상 차리는
소똥구리

　온 세상을 울긋불긋 물들였던 나뭇잎들이 낙엽 되어 하나둘 공중을 빙그르르 돌다 땅바닥에 눕습니다. 벌써 초겨울 문턱이니 가을 학기 강의도 끝나 갑니다. 몇 년 동안 마지막 강의 시간에 꼭 하는 게 있습니다. 한 학기 동안 강의 듣느라 고생했다고 아들딸 같은 학생들에게 보너스로 영화 한 편을 틀어 주는 일입니다. 이번 학기의 영화는 경이롭고 숨막히는 자연의 세계를 기막히게 잘 담아낸 〈마이크로 코스모스〉입니다.

　영상이 얼마나 섬세한지 화면 속 동물과 풍경이 금방이라도 튀어나올 것 같습니다. 나방 애벌레는 사스락 사스락 기어가고 노린재 군단도 이에 질세라 줄 맞춰 쿵쿵쿵 걸어가고 달팽이는 한쪽 구석에서 스멀스멀 몸을 맞대고 짝짓기 하느라 혼을 쏙 빼고 있는데, 저만치 떨어진 비탈길에선 소똥구리 한 마리가 낑낑거리며 동그란 똥 경단을 굴리느라 정신이 없습니다.

　그런데 굴렁쇠를 굴리듯 한참을 똥 경단을 몰고 가던 쇠똥구리가 우뚝 멈춰 섭니다. 저런! 떡처럼 말랑말랑한 똥 경단이 굴러가다 그만 삐죽 나온 풀줄기에 걸려 오도 가도 못하는군요. 소똥구리는 안절부절 어찌할 바를 모르며 풀줄기에 딱 박힌 똥 경단을 이리 밀어 보고 저리 밀어 봅니다. 물구나무서서 앞다리는 땅을 짚고 머리는 땅에 처박고 물구나무선 채 뒷다리로 똥 경단을 밀어 보지만 똥 경단은 요지부동. 저러다

소똥구리

똥 경단이 부서지면 어쩌지? 보는 내가 긴장되어 손에 땀이 다 납니다. 얼마나 지났을까? 지성이면 감천이라고 똥 경단과 사투를 벌이던 소똥구리의 승리. 쉴 새 없이 밀고 당긴 끝에 드디어 녀석이 똥 경단이 풀뿌리에서 뽑아냅니다. 그러고선 힘도 들지 않는지 뒤도 안 돌아보고 똥 덩이를 신주단지 모시듯 굴리며 비탈진 언덕길을 넘어갑니다.

　이 영화를 보니 문득 어렸을 적 쪼그리고 앉아 보았던 소똥구리가 눈앞을 스쳐지나갑니다. 지금은 전설이 되어 버린 소똥구리가 그 시절엔 발에 차였을 정도였으니까요. 어릴 적 우리집은 농삿집이라 늘 소 한두 마리를 키웠는데, 부모님은 재산밑천 1호, 노동밑천 1호인 소를 자식처럼 끔찍이 잘 보살폈습니다. 여름이면 싱싱한 풀을 베어다 먹이고 겨울이면 볏짚을 썰어 여물을 푹푹 쑤어 먹였습니다. 심지어 대보름이나 추석 같은 명절 때에는 소가 좋아하는 풀과 여물을 정성껏 차려 외양간 앞에 갖다주기도 했지요. 지금이야 기계가 알아서 척척 농사를 돕지만 그 시절엔 소가 힘든 일을 묵묵

히 대신하는 농사 도우미였으니 그럴 만도 하지요. 그러다 보니 소가 지나간 길과 들판은 언제나 소똥이 깔려 있습니다. 몸집이 크니 똥의 양도 엄청나게 많아 소가 지나간 길과 들판은 온통 똥 밭이었는데, 그 소똥 밥상엔 쇠똥구리들이 꼼지락꼼지락 몰려들었지요. 물구나무선 채로 뒷걸음치며 해처럼 동그란 똥 경단을 굴리고 다니는 쇠똥구리를 꿈에선들 잊을 수 있을까요. 지금도 눈 감으면 그 쇠똥구리가 흑백 영화처럼 아련히 떠오릅니다.

그런 쇠똥구리가 지금은 눈을 씻고 찾아도 찾을 수 없는 귀한 몸이 된 지 한참이 되었습니다. 불과 30년 전만 해도 심심찮게 소똥을 굴리고 다니는 깜찍한 소똥구리를 보았었는데, 지금은 발견 자체가 로또에 당첨된 것과 마찬가지가 되어 버렸습니다. 그런데 얼마 전에 희소식이 강원도 심심산골에서 봄바람을 타고 날아왔습니다. 똥 경단을 굴리는 긴다리소똥구리 부부를 보았다는 소식에 온 세상이 떠들썩했습니다. 20년 넘게 코빼기도 볼 수 없었던 녀석이 깜짝 출현했으니 그럴 만도 합니다. 말 그대로 녀석들에겐 뒷다리(발목마디)가 가늘고 길어 긴다리소똥구리란 이름이 붙었는데, 어떤 사람들은 몸집이 메주콩만큼 작아(몸길이 12밀리미터) '꼬마소똥구리'라고도 부릅니다.

긴다리소똥구리는 부부가 함께 힘을 합쳐 똥 경단을 굴리며 새끼를 키우는 것으로 유명합니다. 사람으로 치면 부모 공동 양육을 하는 것인데, 부부가 다투지도 않고 애틋하게 서로 밀어주고 당겨 주며 사니 웬만한 사람보다 낫습니다. 우선 녀석은 아직 굳지 않은 몰랑몰랑한 소똥 위로 올라가 주둥이로 똥 조각을 떼어 내고 앞다리로 끌어모아 조물조물 만지작거려 동그란

긴다리소똥구리 부부의 똥 경단 굴리기

경단을 빚습니다. 5분이면 제 몸보다 훨씬 큰 똥 경단 하나가 뚝딱 만들어집니다. 이제 옮길 차례. 아내 혼자 똥 경단을 굴리기도 하지만 대부분 부부가

6장 곤충들의 육아 풍경 155

함께 힘을 합쳐 굴립니다. 한 마리(아내)는 앞다리를 땅에 짚고 물구나무선 채 가운뎃다리와 뒷다리로 밀고, 또 한 마리(남편)는 똑바로 서서 앞다리로 잡아당기기 시작합니다. '영차영차!' 한참을 굴리고 가는데, 그만 돌멩이에 치여 똥 덩어리가 아래로 데구루루 굴러떨어져 버립니다. 저걸 어쩌나! 그래도 부부는 똥 경단을 놓치지 않고 다리로 꼭 끌어안은 채 똥 경단과 함께 데굴데굴 굴러가다 다시 멈춰 선 똥 경단을 굴립니다. '영차영차!' 구령 소리가 귀에 들려오는 듯합니다.

드디어 부부가 도착한 곳은 흙밭. 아내는 온 힘을 다해 앞다리로 흙을 파헤치면 땅굴을 파기 시작합니다. 남편은 공들여 빚어 데려온 똥 경단이 행여나 빼앗길까 봐 그 옆에 쭈그리고 앉아 똥 경단을 지킵니다. 드디어 아내가 땀 흘리며 판 땅굴 완성. 아내와 남편은 이번에도 땅굴 속으로 힘을 합쳐 똥 경단을 굴려 넣고, 아내는 똥 경단 속에 배꼽무니를 대고 알을 낳습니다. 남편은 아내가 아기(알) 낳는 걸 끝까지 지켜보다가 다시 아내와 함께 땅굴 밖으로 나와 두 번째 똥 경단을 빚기 위해 소똥을 찾아갑니다.

누가 똥은 무서운 게 아니라 더러워서 피한다고 했나요? 소똥구리가 들으면 기막힐 일입니다. 소똥구리의 밥은 엄연히 소똥이니 말이지요. 아기 소똥구리는 평생 동안 똥 방에 앉아 쉬고 똥 식사를 하고 똥 침대에서 잠을 자고 똥 화장실에서 용변을 봅니다. 이쯤이면 사람으로 치면 아기 소똥구리에게 똥 경단은 5성급 호텔이나 마찬가지입니다. 뿐만 아닙니다. 몽골에서는 소똥은 땔감으로 사용하고 인도에서는 집짓는 건축 재료로 요긴하게 사용합니다. 4시간 동안 훨훨 타다 사그라지는 장작개비와는 달리 8시간 동안

은은하게 타면서 온기를 내뿜는 쇠똥 덕에 몽골 목동들은 영하 40도 추위를 견디니 소똥은 더 이상 더러운 똥이 아닙니다.

이집트에선 재생과 불사의 화신으로 떠받들던 소똥구리! 우리나라에서 사는 소똥구리류 중에서 똥을 굴리는 녀석들은 딱 3종뿐입니다. 소똥구리(몸길이 약 16밀리미터), 왕소똥구리(약 30밀리미터), 그리고 긴다리소똥구리(약 12밀리미터)입니다.

1.애기뿔소똥구리 2.긴다리소똥구리의 똥 경단 굴리기

모두 우리 한반도 땅에서 사라져 가고 있는 귀한 몸이라 현재 멸종위기종으로 정해 놓고 보호하고 있습니다. 아이러니하게도 보호해야 할 녀석들이 없는데, 멸종위기종 딱지를 붙여 놓고 보호하자고 하니 속이 터지기만 합니다. 마침 몽골에서 자라는 소똥구리를 우리 땅에 들여와 키운다는 소식이 들려옵니다. 물론 여러 가지 유전자 검사와 도입 절차, 임상 실험을 거쳐 결정이 되겠지만 불과 30년 전에 이 땅에서 버젓이 살았던 소똥구리와 같은 혈통인 몽골산 소똥구리를 볼 날이 머지않은 것 같습니다. 하지만 지금처럼 농약을 듬뿍 맞은 풀과 인공 사료를 먹은 소똥으론 도저히 몽골산 소똥구리도 한반도에서는 살아남지 못할 건 뻔한 입니다. 어림 반 푼어치도 없는 일입니다.

3. 알 낳고 죽는 장한
사마귀

    가을이 익어 갑니다. 나뭇잎들도 풀잎들도 노랗게 빨갛게 물들어갑니다. 살랑살랑 부는 가을바람 맞으며 산언저리 오솔길을 걷습니다. 그런데, 이게 웬일? 사마귀 한 마리가 길옆 나뭇가지 위에 턱 버티고 앉아 있습니다. 아, 임신했나 봅니다. 배가 얼마나 부른지 빵빵해 금방이라도 터져 버릴 것 같습니다. 하도 반가워 다가가니 녀석이 화들짝 놀라 낫같이 생긴 앞다리를 번쩍 들고서 '가까이 오지 마.' 하며 덤빕니다. '애야, 난 네 친구야. 우리 같이 놀자.' 하며 풀썩 녀석 앞에 주저앉다가 문득 중국 춘추 시대 제나라의 장공 이야기가 떠올라 혼자 킥킥 웃습니다. 장공이 사냥을 떠나는데, 길 위에서 웬 사마귀 한 마리가 앞다리를 치켜들고선 수레를 막았습니다. 그걸 본 장공은 용맹스런 사마귀가 다칠세라 수레를 돌려 다른 길로 돌아갔습니다. 정말이지 '개념' 있는 장공입니다.

    문득 만일 장공이 임산부 사마귀가 남편 잡아먹는 것을 보았다면 어떻게 했을까 상상하다 또 킥킥댑니다. 사마귀 부인은 남편 잡아먹는 걸로 유명합니다. 이런 걸 보면 사마귀 앞에선 목숨을 내놓지 않고선 감히 사랑을 논하지 말라는 말이 떠오릅니다. 사마귀 부인은 튼실한 알을 낳기 위해서 살아 움직이는 작은 동물들은 가차없이 잡아먹습니다. 죽은 동물을 쳐다보지 않고 오직 숨쉬고 있는 힘 약한 곤충들만 먹는 것이지요. 그러다 보니 자신과 신방을 차린 남편도 예외는 아닙니다. 왕사마귀는 본능에 매우 충실한 곤충이라 왕성한 성욕과 식욕은 그 누구도 따를 자가 없습니다. 남편이든 자매든 누구든지 사마귀 부인 눈에 띄기라도 하면 그날로 제삿날입니다.

마침 사마귀 부부가 짝짓기 작업을 하고 있네요. 천신만고 끝에 수컷 사마귀가 암컷 사마귀의 등에 올라타는군요. 이제 엄연한 부부가 된 사마귀. 한동안 평화로운 사랑을 나눕니다. 그런데 남편 사마귀의 행복도 잠시. 아내 등 위에 있던 남편이 잠시 방심한 나머지 덤벙대다 그만 사마귀 부인에게 들켜 버렸습니다. '이 일을 어쩌나.' 사마귀 부인은 상반신을 홱 돌려 인정사정 할 것 없이 짝짓기 중인 남편을 낚아챕니다. 그러고선 남편의 머리를 와작와작 씹어 먹습니다. 더 신기한 건 머리를 통째로 상납한 남편은 머리가 부수어지든 잘려 나가든 간에 목숨이 백척간두인데도 짝짓기를 합니다. 그것도 머리를 잡아먹히기 전보다 더 정열적으로 합니다. 죽어 가면서도 짝짓기를 하는 비결은 신경절에 있습니다. 사마귀의 뇌는 눈이나 더듬이 같은 감각기관이 수집한 정보를 종합해 몸 전체의 반사 행동을 조절합니다. 특이하게도 뇌에는 성욕 같은 행동을 억제하는 기능이 있는데, 남편의 머리가 씹혀 부인의 뱃속으로 들어가면서 자연히 뇌도 없어집니다. 따라

1·2. 사마귀 2. 밀잠자리를 잡은 사마귀

서 사마귀의 성욕을 억제시켰던 뇌 기능이 사라지는 바람에 사마귀의 성욕은 고삐 풀린 망아지처럼 주체 못할 만큼 더욱 왕성해집니다. 한술 더 떠 배 꽁무니를 다스리는 신경절은 성욕을 왕성하게 부추기까지 합니다. 그러니 남편은 부인에게 잡아먹혀 몸이 반 토막이 나도 배 꽁무니가 붙어 있는 한 죽을 때까지 짝짓기를 계속합니다. 그렇다고 짝짓기 할 때마다 사마귀 부인이 남편을 꼭 잡아먹는 건 아닙니다. 남편이 진중하고 덤벙거리지 않으면 부인의 심기를 건드리지 않게 되어 무사히 짝짓기를 마칩니다.

짝짓기를 한 지 며칠이 지났습니다. 암컷 사마귀의 낌새가 좀 이상합니다. 아마도 알을 낳으려는지 녀석은 남산만 한 만삭 배를 끌고서 이리저리 나뭇가지 위를 돌아다닙니다. 한참을 그러다 맘에 드는 명당을 찾았는지 한곳에 딱 멈춥니다. 그러곤 여섯 다리로 나뭇가지를 꼭 붙잡고선 배 꽁무니를 살살 움찔거립니다. 남산만 한 배가 실룩거릴 때마다 배 꽁무니에서 비누 거품 같은 거품 덩어리가 뽀글뽀글 삐져나옵니다. 지금은 분만 중! 엄마 사마귀는 알 낳고 죽을 신세라 새끼를 돌보지 못합니다. 그러니 사마귀는 행여 알이 추운 겨울 동안 꽁꽁 얼세라 푹신한 거품 이불 속에다 알을 정성스럽게 하나하나 낳고 있는 중입니다. 웬만한 사람보다 낫습니다. 그렇게 낳은 알은 200개도 넘으니 입이 떡 벌어집니다. 우리네 사람은 둘도 낳아 키우려면 벅찬데 말입니다. 알을 다 낳은 엄마 사마귀가 기진맥진해서 알 옆에서 꼼짝 않고 쉽니다. 할 수만 있다면 엄마 사마귀에게 미역국이라도 끓여 주고 싶은 마음이 굴뚝같습니다.

호랑이는 가죽을 남기고 죽고 사람은 이름을 남기고 죽는다는데, 사마귀 또한 알을 남기고 죽으니 벌레 세계나 인간 세계나 거기서 거기입니다. 그런 사마귀가 하도 기특하고 장해 나도 모르게 만세, 만세, 엄마 사마귀 만세! 외칩니다.

4. 자식을 지키는
에사키뿔노린재

비금도 첫구지 해수욕장 가는 길. 모래언덕 언저리에 억새 풀잎이 주머니처럼 특이하게 접혀 있습니다. 거미줄로 정교하게 엮어 만든 주머니를 뜯어보니 거미 한 마리가 웅크리고 앉아 노려봅니다. 아, 그 유명한 에어리염낭거미로군요. 거미의 모성애는 그 누구 못지않게 큽니다. 우리나라에서 사는 거미 가운데 가장 자식을 잘 기르는 거미를 꼽으라면 단연 에어리염낭거미입니다. 알 낳을 때가 되면 엄마 에어리염낭거미는 풀잎을 고이 접어 분만실을 손수 만들고 그 안에서 알을 수백 개 낳습니다. 알을 낳고 나서도 떠나지 않고 새끼가 태어날 때까지 알 곁을 지킵니다. 새끼가 깨어나면 '진자리 마른자리 다 닳도록' 자식을 보살핍니다. 하지만 자식이 자라면서(허물을 두 번 벗은 후) 엽기적인 일이 벌어집니다. 세상에! 자식들이 엄마를 뜯어먹기 시작합니다. 하지만 엄마는 아무 저항도 않고 자식에게 몸뚱이를 내어 줍니다. 이때 엄마를 건드리면 화를 버럭 내며 자식의 식사를 방해하지 말라고 위협을 합니다. 엄마의 몸이 먹힐수록 자식들의 배가 점점 불러 갑니다. 엄마의 몸뚱이를 먹고 자란 자식들은 비로소 바깥으로 나와 몸을 더 키운 뒤 어른 에어리염낭거미로 변신합니다. 암컷으로 태어나면 엄마가 했던 것처럼 자식에게 자신의 육신을 아낌없이 바칩니다. 미물이지만 눈물겹도록 헌신적이고 절절한 어머니의 사랑에 고개가 절로 숙여집니다.

에어리염낭거미만큼은 아니지만 곤충 세계에서도 끔찍하게 자식을 돌보는 녀석이 있습니다. '일본스러운' 이름을 가진 에사키뿔노린재입니다. 녀석은 지독한 냄새를 풍기는 노린재 가문의 식구로 알을 낳고 매정하게 떠나 버리는 노린재들과 달리 자식 사랑이 지극하다고 소문이 파다하게 났습니다.

에사키뿔노린재의 등에는 노란 하트 모양의 그림이 예쁘게 그려져 있습니다. 등에 박힌 선명한 노란색 하트 무늬 때문에 사람들의 사랑을 독차지하는 노린재지요. 초여름이 되면 '노란 하트 무늬 커플 룩'을 한 에사키뿔노린재들이 여기저기에서 눈에 띕니다. 더구나 사랑에 흠뻑 빠진 에사키뿔노린재 부부를 만나는 건 예사입니다. 한번 짝짓기를 시작했다 하면 언제 끝날지 몰라 '곤충계의 변강쇠와 옹녀'로 통합니다. 에사키뿔노린재는 사랑도 열정적으로 하지만 자식도 열정적으로 돌봅니다.

오랜 시간 동안 짝짓기를 한 엄마 에사키뿔노린재는 층층나무 잎을 찾아갑니다. 잎을 오르락내리락하면서 잎 뒷면에 분만실을 차리고 알을 낳습니다. 엄마는 젖 먹던 힘까지 다 쓰면서 노르스름한 알을 낳고 또 낳습니다. 알을 세어 보니 삼십 개 정도. 엄마는 이 알들이 행여 나뭇잎에서 떨어지지나 않을까, 알끼리 서로 떨어지지 않을까 노심초사하며 알들을 접착제로 단단히 붙여 둡니다. 풀 같은 접착제는 알 낳을 때 산란관 옆에 있는 부속샘에서 함께 나옵니다.

보통 노린재들은 알을 낳으면 힘이 빠져 죽어 가는데, 도대체 녀석은 죽을 기미가 안 보이네요. 비실대기는커녕 알 위에 앉아 꼼짝도 안 하고 알을 지킵니다. 찰칵찰칵 사진을 찍어도 플래시 세례를 펑펑 터뜨려도 건드려 봐도 꿈쩍도 안하고 버티고 앉아 있습니다. 지금 당장 죽는다 해도 알 덩어리를 떠나지 않을 태세입니다. 힘들여 난 알들을 빼앗길까 봐 되레 긴장을 하고 저를 노려봅니다. 이쯤이면 인내심의 극치, 모성 본능의 극치, 숭고함의 극치. 그 어느 말도 녀석의 모성애를 잘 표현할 수 없습니다.

엄마 에사키뿔노린재의 자식 돌보기는 여기서 그치지 않습니다. 애벌레가 깨어날 때까지 아무것도 안 먹고 쫄쫄 굶으면서 한시도 자리를 비우지 않고 알을 끌어안고 지킵니다. 엄마는 알 덩어리에 여섯 개의 가냘픈 다리를 얹고서 서 있습니다. 인고의 날들이 아무리 못되어도 열흘은 족히 넘을 것 같습니다. 혹시라도 개미 같은 천적이 나타나면 팔 굽혀 펴기 하는 것처럼 굽혔던 다리를 일으켜 개미에게 겁을 줍니다. 그래도 개미가 얼쩡거리면 날개를 활짝 펴 퍼덕거리며 위협을 하면서 노린재 특유의 고약한 냄새를 내뿜어 적을 쫓아 버립니다.

에사키뿔노린재의 육아 일기는 여기서 끝나지 않습니다. 무더운 한여름에는 너무 더워 혹시나 알이 썩지나 않을까 노심초사합니다. 말벌처럼 물을 가져와 알에다 뿌려 줄 수도 없고…… 생각 끝에 날개를 퍼덕거리며 부채질을 해 더위를 식혀 줍니다. 더 신기한 것은 뾰족한 침 주둥이로 바짝바짝

알을 지키는 에사키뿔노린재 암컷

붙어 있는 알들 사이를 요령 있게 이리저리 벌려 주어 공기가 잘 통하게 합니다. 밤낮 없이, 비가 오나 바람이 부나 엄마는 알을 지극정성으로 지킵니다. 하루도 쉬지 않고 며칠씩 끼니까지 굶어 가면서 말입니다. 감동의 물결

1.에사키뿔노린재 짝짓기 2.어미가 지킨 알에서 깨어난 에사키뿔노린재 애벌레

입니다. 그런 엄마를 보고 있자니 살아생전 어머니가 즐겨 들으셨던 〈회심곡〉의 가사가 생각나 눈시울이 젖어 듭니다.

지독한 엄마의 사랑을 받으며 드디어 알에서 새끼가 태어납니다. 엄마는 벌써 열흘째 굶었는데도 무사히 태어난 새끼들을 품에 꼭 끌어안고 지킵니다. 천적이 다가오면 자식들에게 어서 나뭇잎 뒤로 도망가라고 재촉하고, 천적이 사라져 안전해지면 '이제 괜찮아. 이리와. 안아 줄게.' 하면서 자식들을 부릅니다. 그러면서 엄마는 하루가 다르게 쇠약해지지만 끝내 움직일 힘이 없어 호롱불 꺼지듯 죽어 가면서도 자식을 끔찍이 돌봅니다.

이렇게 죽어 가면서까지 엄마 에사키뿔노린재가 자식을 돌보는 이유는 자식 하나라도 잘 키워 세상에 내보내 가문을 잇기 위해서입니다. 즉 자식을 개미와 기생벌 같은 천적의 밥이 되지 않게 지키는 것이지요. 한 과학자가 재밌는 실험을 했습니다. 한 실험은 알을 지키고 있는 엄마를 알 덩어리에서 치우고 또 다른 실험은 엄마가 알을 지키도록 그대로 두었습니다. 결과는 엄마를 없앤 알 덩어리는 포식자에게 통째로 잡아먹혔고, 엄마가 지극히 돌본 알 덩어리에서는 절반 정도가 알에서 깨어났습니다. 그건 다 엄마가 알 주변에 얼쩡거리는 천적을 쫓아낸 덕입니다.

끝이 없는 동물의 핏줄 사랑, 즉 새끼를 향한 내리사랑은 사람이나 곤충이나 다 똑같은가 봅니다. 하지만 새해 벽두부터 가슴 철렁 내려앉는 소식이 들립니다. 10대 소녀가 모텔에서 아기를 낳아 창문 밖으로 던져 버렸다는군요. 꽃도 제대로 피워 보지도 못하고 사랑 한 번 제대로 받지 못하고 세상을 떠난 아기를 생각하니 마음이 미어집니다. 철이 없어도 너무 없는 산모의 행동…… 그저 말문만 막힙니다. 도무지 실제 상황이라고 믿기지 않는, 믿기도 싫은 일이 바로 우리 앞에서 일어나고 있습니다. 인간이 만물의 영장이란 말이 무색해 뉴스 보기가 겁나고 인터넷 검색하기 무섭고 신문 펴들기 두려운 요즘입니다.

7장_
스포츠 스타 곤충

1. 배영 전문 선수
송장헤엄치게

오랜만에 운동한답시고 수영장에 갑니다. 어릴 때부터 운동 신경이 워낙 둔하다 보니 할 줄 아는 운동은 하나도 없습니다. 체육 시간만 되면 주눅이 들어 이 핑계 저 핑계 대면서 벤치에 앉아서 시간 때우기 일쑤라 체육 성적은 늘 '양'이었고 운동회 때도 그 흔한 공책 한 권 타 본 일이 없습니다. 그 후 어른이 되어서야 겨우 배운 게 수영. 그나마 배영을 잘 하는 편이라 수영장 갈 맛이 납니다. 몸에 힘을 쏙 빼고 천장 바라보며 편안히 물위에 누워 발장구만 통통통 치고 있으면 어느새 몸이 둥둥 떠올라 세상이 다 내 것 같거든요. 그러니 '송장헤엄치게'라는 벌레는 평생을 물침대에 누워서 사니 얼마나 좋을까요? '부러우면 지는 거다.'라고 하지만 일에 치여 지치고 힘들 때는 유유자적 물침대 위에서 누워 노는 송장헤엄치게가 부럽기만 합니다.

7월의 연못은 온통 생명들로 북적거립니다. 햇빛 받아 반짝이는 물위엔 노랑어리연꽃이 노랗게 피어 있고 마름 잎사귀와 개구리밥이 연못 물 위에 군데군데 둥둥 떠 있습니다. 엎드려 고요한 연못 속을 들여다보고 있노라면 송사리, 달팽이, 물자라 등등 눈에 익은 생명들이 꼬물꼬물 움직입니다. 그때 연못의 정적을 깨며 송장헤엄치게 한 마리가 물살을 가르며 수면 위로 떠오릅니다. 녀석은 몸을 발라당 뒤집은 채 하늘을 바라보며 물위에 눕습니다. 그러고선 기다란 뒷다리를 휘적휘적 노처럼 저으면서 앞으로 쭉쭉 헤엄쳐 갑니다. 얼마나 헤엄을 잘 치는지 배영 선수 뺨칩니다. 그러다 힘이 들면 잔물결에 몸을 맡긴 채 가만히 누워 물에 둥둥 떠 있으니 팔자치고는 상팔자입니다.

송장헤엄치게는 사냥할 때나 천적을 피할 때만 빼놓고 많은 시간을 물침대에 태평하게 누워 지냅니다. 그런 모습이 물에 빠져 죽어 물위를 둥둥 떠다니는 송장과 똑 닮았다 해서 송장헤엄치게란 엽기적인 이름이 붙어 한 번만 들어도 기억하기 쉽습니다. 서양에서는 녀석을 '백 스위머$^{\text{back swimmer}}$', 말 그대로 배영 선수라 부르는데, 우리 이름보다 훨씬 직설적입니다.

그런데 늘 누워 지내는 녀석이 과연 편하기만 할까요? 아닙니다. 그냥 한량처럼 편히 쉬는 게 아니라 살아남기 위해 어쩔 수 없이 누워서 삽니다. 원래 송장헤엄치게(노린재목 집안 식구) 조상의 고향은 육상이었습니다. 녀석들은 처음엔 땅 위에서 살다가 포식자들의 등살에 떠밀리고 다른 종들 사이에서 먹이 경쟁을 피해 차츰 물속으로 이사를 왔습니다. 물론 물속에도 천적이 들끓고 먹잇감이 부족할 수도 있지만 그래도 육상보다는 낫습니다. 그런데 낯선 물속으로 이사하고 나니 걱정거리가 한둘이 아니었는데, 특히 숨쉬기 문제가 가장 골칫거리였습니다. 육상에서 살 때는 대기 중에 떠다니는

송장헤엄치게

공기를 그냥 들이마시면 되는데, 물속에는 산소가 물속에 녹아 있어(용존 산소) 도무지 마실 수가 없어 죽을지도 모르기 때문입니다. 사람도 아가미가 없어 물속에 빠지면 물속에 녹아 있는 산소를 들이마시지 못해 죽는데, 몸집이 사람보다 수천 배 작은 송장헤엄치게가 물속에서 산다는 것은 위험천만한 일입니다. 우리네 사람이 공기의 고마움을 잊고 살았듯이 녀석도 공기가 목숨을 좌지우지할 만큼 소중하다는 걸 모르고 살다가 물속으로 들어와서야 문제가 있는 걸 안 것이지요.

그렇다고 육상으로 되돌아갈 수도 없는 일. 하지만 땅이 꺼져도 솟아날 구멍은 있습니다. 송장헤엄치게들은 조상 대대로 고민에 고민을 거듭하며 환경에 적응하다가 드디어 그 누구도 따라하지 못할 번뜩이는 '아이디어 상품'을 개발합니다. 그 '상품'은 바로 산소 탱크(공기방울, air bubble)입니다. 녀석은 산소 탱크를 몸의 여러 부분 (가슴과 배의 배 쪽 부분, 날개와 몸통 사이)에 설치했습니다. 특히 몸의 아랫부분(가슴과 배)과 날개가 있는 부분에 산소 탱크 자리를 만들고선 공중에 떠다니는 공기를 차곡차곡 저장합니다. 즉 산소 탱크는 물고기로 치면 아가미 역할을 하는 셈입니다. 또 신기하게도 산소 탱크 주변에는 털들이 물샐 틈 없이 빽빽하게 덮고 있는데, 털들 사이에는 공기가 들어갑니다. 그래서 산소 탱크를 덮고 있는 털 뭉치에는 공기층이 생기게 됩니다. 이렇게 특허를 내도 될 정도로 기능이 좋은 산소 탱크와 산소 탱크 주변 털 뭉치의 공기층을 이용해 물속에서도 살아남을 수 있습니다.

산소 탱고는 만들었겠다, 이제는 산소만 들이마시면 됩니다. 녀석들은 산소 탱크를 몸속에 장전한 채 물 표면으로 수시로 헤엄쳐 떠오릅니다. 물 표면에 도착해선 물위에 비스듬히 드러누운 뒤 배 끝으로 물 표면을 찔러 얇은 수면 막을 깨뜨립니다. 그런 후 물 밖 육상의 공기가 잘 들어가게 날개를 약간 벌리고선 공기를 산소 탱크에 차곡차곡 담는데, 이때 산소 탱크가 배 쪽에 있으니 물위에 드러누워야 대기 중의 공기와 금세 접촉할 수 있습니다. 그렇게 공기가 산소 탱크에 빵빵하게 채워지면 녀석은 다시 물속으로 들어가 물풀에 매달려 쉽니다. 만일 물풀이나 잡을 게 없다면 녀석의 몸은 코르크처럼 가벼워 물위에 떠올라 포식자의 밥이 되기 십상입니다. 산소 탱크의 산소로 들이마시며 쉬다가도 공기가 다 떨어지면 또다시 물 표면에 떠올라 신선한 공기를 가져가고 공기가 떨어지면 또 물 표면에 떠올라 가져갑니다.

녀석은 산소가 부족해도 물속에서 비교적 꽤 오래 견딜 수 있습니다. 실제로 환경이 안 좋을 때는 한 번 산소 탱크에 저장한 공기로 짧게는 30분에서 길게는 6시간 동안 버틸 수 있습니다. 산소 탱크 자체가 물속에 녹아 있는 산소를 물속에서 흡수하기 때문이지요. 육상 생활을 버리고 물속 생활을 하기까지는 수많은 대가를 치렀지만, 그래도 거칠고 낯선 환경에 잘 적응해 성공적으로 살아남은 녀석들에게 박수를 보냅니다. 녀석들은 힘든 요즘을 살아가는 우리들의 반영 거울입니다.

이렇게 산소 탱크를 달고 살아도 물 없이는 단 하루도 살 수 없는 송장헤엄치게에게 시시때때로 고난이 닥쳐옵니다. 가뭄이 들어 자그마한 연못 물이 말라 바닥이 쩍쩍 갈라지는 건 그나마 낫습니다. 물이 많은 다른 저

송장헤엄치게 애벌레의 공기방울 모으기

수지나 큰 연못으로 날아가면 되니까요. 하지만 사람들의 간섭으로 물이 마르는 건 빼도 박도 못합니다. 강을 정비한답시고 개발이란 이름으로 멀쩡히 흐르는 물길을 막고, 멀쩡한 습지를 뒤엎어 뭉개고, 강이나 개울 옆에 길을 내고 그것도 모자라 시멘트를 처발라 놓기까지 하면 그 주변에 있는 습지나 연못은 점차 사라져 갑니다. 그러면 그 물속에 터전을 잡고 살던 송장헤엄치게들은 비상이 걸립니다. 물이 사라졌으니 이보다 더 큰 재앙은 없습니다. 말라 가는 물 앞에서 자칫 머뭇거리다간 죽을 수도 있습니다. 다급한 녀석들은 필사적으로 '물 찾아 삼 만 리' 생존 여행을 떠납니다. 서둘러 날개를 활짝 펼치고 물을 찾아 멀리멀리 날아갑니다.

운 좋은 녀석들은 물 많은 큰 연못에 도착하지만, 운 나쁜 녀석은 날아가다가 죽기도 합니다. 여우 피하려다 호랑이 만난다고 재수 나쁜 녀석들은 인간이 만들어 낸 문명 세계의 덫에 걸리기도 합니다. 도시에는 삐까번쩍한 건물들이 즐비합니다. 건물마다 유리창이 달려 있고 그것도 모자라 건물 벽을 유리로 장식합니다. 유리가 사람의 눈에는 아름답게 보일지 모르지만 곤충들의 눈에는 물로 보입니다. 평평한 유리창은 물의 표면과 같이 햇볕을 편광시키기 때문이지요. 결국 새나 곤충들은 유리창이 물인 줄 알고 유리창으로 달려들어 부딪혀 죽습니다. 그나마 새들은 몸집이 커서 죽어도 눈에 띄어 사람들의 경각심을 불러일으키지만 송장헤엄치게는 하도 작아 유리창에 부딪혀 죽은 줄도 모릅니다. 유리 건물 아래는 그야말로 뭇 생명들의 무덤인 셈입니다. 개발의 몸살로 살 터전을 잃어 버린 것도 억울한데, 살아 보겠다고 물이 많은 습지를 찾아 날아가다가 딱딱한 유리창에 부딪혀 죽다니요! 목숨 걸고 '물 찾아 삼 만 리' 떠난 송장헤엄치게의 여행은 말 그대로 죽음의 여행이 되어 버렸습니다. 생각할수록 가슴 아픈 현실입니다. 불에 뛰어드는 나방들처럼 유리창에 날아와 부딪치는 뭇 생명을 살릴 길은 없을까요? 보기도 좋고 새나 곤충들이 피해 날아가게 하는 건물을 지을 방법은 없을까요? 이제 화두는 함께 어울리는 공존입니다.

2. 단거리 육상 선수
길앞잡이

요즘 뜨는 텔레비전 프로그램에는 뭐가 있을까? 아무래도 대세는 '꽃보다~' 시리즈인 것 같습니다. '꽃보다 할배'란 프로그램이 뜨는가 싶더니 '꽃보다 누나'가 그 뒤를 잇습니다. 말 그대로 연예인 '할배'들과 '누나'들의 해외 배낭여행 이야기인데, 이 여행에는 꼭 짐꾼이 등장합니다. 말처럼 짐꾼은 짐만 드는 게 아니라 잠잘 곳, 먹을 것, 이동할 교통수단, 길 찾기는 기본이고, 대선배들의 일거수일투족까지 챙겨야 하니 급격히 진화된 '여행 가이드'입니다. 문득 TV에 나오는 젊은 짐꾼이 좌충우돌하는 활약상을 보니 곤충계의 여행 가이드 길앞잡이가 떠오릅니다. TV 속의 진화된 짐꾼까지는 아니더라도 길앞잡이는 사람들 앞에서 천방지축 재빠르게 뛰어다니며 길 안내 하나는 정말 잘합니다.

길앞잡이는 봄이 무르익어 갈 즈음이면 사방이 툭 트인 산길에 무지갯빛으로 빛나는 휘황찬란한 옷을 입고 망아지처럼 뛰어다닙니다. 잠시 땅바닥에 앉아 쉬는 녀석 곁으로 살금살금 다가가면 벌써 저만큼 포르르 도망가 서너 걸음 떨어진 땅 위에 내려앉습니다. 또 쫓아가면 힐끗 쳐다보는 듯하다가 '나 잡아 봐라.' 약을 올리면서 또 앞으로 후르르 다리가 안 보일 정도로 잽싸게 뛰어 땅에 앉습니다. 사람 골리는 취미가 아주 고약한 녀석입니다. 이렇게 꼭 사람보다 몇 발짝씩 앞서 앉아 있다가 다가가면 또 앞서 가는 행동이 마치 길 안내자 같아서 길앞잡이란 이름이 붙었습니다. 북한에서는 긴 다리로 경중경중 뛰어다니는 모습이 당나귀를 닮았다 해서 '길당나귀'라 부르고, 서양에서는 쏜살같이 달려들어 용맹하게 사냥하는 모습이 호랑이 같다 해서 타이거 비틀tiger beetle이라고 부릅니다.

  어른 길앞잡이는 먹잇감만 나타났다 하면 잽싸게 쫓아가 잡아먹는 추격형 사냥꾼입니다. 어른 길앞잡이는 체통머리 없게 노상 강도짓을 해서 먹고삽니다. 그것도 벌건 대낮에 말입니다. 다행히도 녀석은 발놀림이 굉장히 빨라 길 위를 지나가는 딱정벌레나 나방 애벌레 등 뭐든지 보기만 하면 발 빠르게 추격합니다. 마침 똥파리 한 마리가 녀석 눈앞에 얼쩡거리자 순식간에 길앞잡이가 후르르 달리나가 똥파리를 좇습니다. 똥파리도 깜짝 놀라 똥줄 빠지게 후다닥 날아가고 이에 길압잡이도 뒤질세라 더욱 속력을 내어 날아가는 똥파리를 추격합니다. 비록 사냥에는 실패했지만 얼마나 바람같이 빨리 달리는지 100미터 육상 선수 같습니다.

  뭐니 뭐니 해도 길앞잡이 하면 '스피드'입니다. 땅 위에서 사는 곤충 중 세상에서 가장 빨리 달리는 곤충을 뽑으라면 바퀴? 개미? 길앞잡이가 단연 일등입니다. 아마 곤충 기네스북이 있다면 가장 빠른 육상 선수에 오르

길앞잡이 짝짓기

고도 남습니다. 미국의 곤충학자인 길버트$^{Gilbert\ Waldbauer}$는 미국산 길앞잡이가 달리는 속도를 재어 봤는데, 1초에 무려 53센티미터를 달렸습니다. 길앞잡이의 몸길이가 1센티미터밖에 안 되니 자신의 키보다 1초에 53배나 멀리 달려간 것이지요. '세계에서 가장 빠른 사나이', '단거리 육상 챔피언'이란 수식어가 따라다니는 자메이카의 우사인 볼트는 100미터를 9.50초 만에 완주했는데, 따져 보니 1초에 12.27미터를 달린 셈입니다. 볼트의 키가 195센티미터이니 자신의 키보다 1초에 6배 멀리 달린 것이니 결국 길앞잡이가 천하의 육상 선수 볼트보다 더 빨리 달린 것이지요. 호주에 사는 길앞잡이 Cicnindela hudosni는 미국산 길앞잡이보다 더 빠릅니다. 즉 1초에 2.5미터, 시속으로 환산하면 한 시간에 9킬로미터를 달리니 말입니다. 이는 사람(키 180센티미터)이 한 시간에 320~480킬로미터를 달리는 거나 마찬가지니 입이 다물어지지 않습니다.

사람보다 빨리 달리지만 길앞잡이에겐 치명적인 약점이 있습니다. 먹잇감을 쉬지 않고 맹추격해도 놓칠 판에 어떤 때는 먹잇감이 바로 코앞에서 도망가도 계속 추격하지 못하고 멈춰 버리기도 합니다. 그건 먹이 추격 중에 순간적으로 시력을 잃고 앞 못 보는 장님이 되었기 때문입니다. 너무 빨리 달리다 보니 사냥감의 상을 형성하는 데 필요한 빛 입자를 충분히 모으지 못하기 때문입니다. 그러니 길앞잡이는 잠시 멈춰서 겹눈에 빛을 모으고 사냥감을 또 쫓아갑니다. 너무 빨리 달려도 탈 느려도 탈 사는 게 참 쉽지 않습니다.

땅 위에서 육상 선수로 살아가는 어른 길앞잡이와 다르게 아기 길앞잡이는 땅속에서 삽니다. 길앞잡이의 부모와 새끼는 사는 곳이 다릅니다. 부모는 땅 위에서 날마다 뜀박질하며 사냥하고 아기는 깜깜한 땅속 굴에서 굴로 떨어지는 먹잇감을 먹고 삽니다. 놀랍게도 아기 길앞잡이는 땅속에 수직으로 구멍을 파고 그 속에서 먹잇감을 기다립니다. 참 희한한 것은 "늘 서 있는 그대여!"를 연상시키는 아기의 자세입니다. 잠도 서서 자고 밥도 서서 먹고 똥도 서서 싸고. 몸 하나 겨우 빠져나갈 수 있는 좁은 땅굴에서 먹이를 기다리며 평생을 서서 지내니 말입니다. 그 좁은 공간에서 살아야 하

1. 길앞잡이 애벌레 2. 땅바닥의 길앞잡이 애벌레 집

니 몸의 생김새도 특이합니다. 머리부터 배 끝까지 흙벽에 대고 서 있습니다. 평생을 한 번도 누워 보지 못하는 아기가 얼마나 고달플까 생각하니 안쓰럽기만 합니다.

녀석의 땅굴은 그 자체가 덫입니다. 아기 길앞잡이는 땅굴 속에서 제 몸을 숨긴 채 감나무 아래에 물렁감 떨어지듯 지나가는 벌레들이 덫 속으로 쑥 빠지길 기다리다 먹잇감이 덫 속으로 뚝 떨어지면 얼른 낚아채 쏜살같이 거머쥐고 굴 안으로 끌고 들어갑니다. 물론 기다리다 먹잇감이 걸려들지 않으면 몸을 땅굴에서 반쯤 꺼내고선 지나가는 먹잇감을 사냥하기도 합니다. 사냥해 온 먹이는 굴 안으로 끌고 들어와 먹잇감에 소화 효소를 집어넣고 흐물흐물 죽처럼 될 때까지 기다립니다. 죽이 다 만들어지면 유유히 식사를 하고는 딱딱해 소화가 안 되는 큐티클 찌꺼기는 굴 밖에 내다 버립니다. 이렇게 무럭무럭 자란 아기는 땅속에서 번데기가 되었다가 가을쯤에 어른벌레로 변신합니다. 특이하게도 녀석은 어른벌레가 되고 나서도 바로 굴 밖으로 나와 활동하지 않고 땅굴에서 겨울 동안 잠을 자다가 이듬해 봄에 나와 활동합니다.

반평생(애벌레 시절)도 넘게 연필만 한 굵기의 땅굴 속에서 눕지도 못하고 오로지 서서 사는 길앞잡이. 문득 8년을 밤에도 눕지 않고 참선에 몰입했던 성철 스님이 생각납니다. 감히 비교할 수 없지만 서서 살아야 하는 아기 길앞잡이도 어떤 면에선 고행을 자처하는 고독한 수행자 같습니다.

3. 높이뛰기 세계 챔피언
거품벌레

인터넷을 검색하다가 '남다른 높이뛰기, 정말 남다른 높이뛰기, 진짜 남다른 높이뛰기'란 특이한 제목으로 올라온 동영상을 보고 한참을 웃다가 멈칫했습니다. 한 여성이 높이뛰기 하려고 달려가 50센티미터도 못 뛰고 그만 매트가 아닌 포장도로에 '꽈당' 떨어져 굴렀습니다. 상황이 우습긴 하지만 얼마나 아팠을까 생각하니 웃어야 할지 울어야 할지 황당했지요.

높이뛰기 하면 단연 곤충이 최고의 기록 보유자입니다. 이 세상에서 가장 높이 뛰는 곤충선수는 누구일가요? 벼룩? 귀뚜라미? 메뚜기? 거품벌레? 정답은 어른 거품벌레입니다. 얼마 전까지만 해도 높이뛰기 챔피언은 '단언컨대' 벼룩이었지요. 몸길이가 3밀리미터인 벼룩이 무려 33센티미터나 뛸 수 있으니 그럴 만도 하지요. 말이 그렇지 제 키보다 110배나 높이 뛴다는 건 상상할 수 없는 초능력입니다.

하지만 거품벌레가 그런 벼룩의 세계 신기록을 단박에 갈아치웠습니다.

키(몸길이)라고 해 봤자 6밀리미터밖에 안 되는 거품벌레가 무려 70센티미터까지 뛴다니 입이 다물어지지 않습니다. 사람으로 치면 63빌딩을 단박에 뛰어오르는 것과 같으니 말 다했지요. 영국 케임브리지대학교의 동물학과 교수인 맬컴 버로스$^{Burrows, M.}$가 이런 거품벌레의 숨은 실력을 알아냈습니다. 거품벌레가 높이뛰기 챔피언이 된 비결은 알통처럼 불거진 뒷다리에 있습니다. 녀석들은 뒷다리와 연결된 가슴 근육에 에너지를 저장하고 있다가 그 에너지를 새총을 쏘듯이 순간적으로 방출시킵니다. 이 근육은 거품벌레 몸무게의 11퍼센트나 차지하고 있어 맘만 먹으면 스프링처럼 튀어 오를 수 있습니다.

거품벌레는 높이뛰기 세계 챔피언이 되었으니 얼마나 기쁠까요? 사람 같으면 가문의 영광이지요. 하루아침에 인기가 급상승해 TV, 라디오, 신문, 인터넷 등 온갖 매체에 도배를 할 것입니다. 게다가 포상금도 두둑하게 받고 광고도 많이 찍어 돈방석에 앉아 명예와 부를 양손에 쥘 게 뻔합니다. 하지만 세상 물정 모르는 거품벌레는 세계 챔피언 따위엔 아무 관심이 없습니다. 다만 녀석들은 '어떻게 하면 더 높이 뛰어 포식자를 따돌릴 수 있을까?'만 머리 싸매고 늘 고민합니다. 녀석이 포식자나 위험과 맞닥뜨렸을 때 살아남는 유일한 방법은 재빨리 높이 뛰어 결사적으로 도망가는 것밖에는 없으니 별 도리가 없습니다. 거품벌레는 오늘도 '높이 뛰는 자가 오래 산다.'를 외치며 뛰어오르고 또 뛰어오릅니다. 그 작은 몸집에서 폭발적인 힘이 나오니 경이롭기도 하고 한편으론 자연 세계에서의 삶이 얼마나 치열한지가 느껴져 안쓰럽기 짝이 없습니다.

거품벌레류

　요즘은 직업도 대물림 시대라 운동선수 집안에선 운동선수 자식이, 연예인 집안에선 연예인 자식이, 정치가 집안에선 정치하는 자식이, 의사 집안에선 의사 자식이, 교육자 집안에선 교육자 자식이 나오는 걸 자주 봅니다. 아무래도 아이는 부모를 닮아 간다고 집안 환경이 큰 영향을 미쳤겠지요. 그러면 높이뛰기 세계 챔피언인 거품벌레의 자식도 운동선수일까요? 부모만 한 자식 없다고 자식들은 뛰는 데는 젬병이입니다. 한 발짝도 못 뛰니 높이뛰기 선수의 가문에 먹칠을 합니다. 하지만 굼벵이도 구르는 재주가 있다고 집 짓는 데는 일가견이 있어 뛰어난 건축가 축에 듭니다. 그것도 돈 하나 안 들이고 자신이 싼 물똥을 재활용해서 집을 잘 짓는다고 많은 사람들이 칭찬하니 부모 입장에선 여간 뿌듯한 게 아닙니다.

　그럼 아기 거품벌레의 거품 집 짓는 솜씨를 볼까요? 봄이 무르익어 가는 5월, 버드나무의 어린 줄기에 누군가 가래침을 '칵' 한바가지 뱉어 놓은 것 같은 거품 덩어리들이 주렁주렁 매달려 있습니다. 거품 덩이에서는 비누 거품처럼 뽀글거리는 액체가 줄줄 흘러내립니다. 그 거품 방울을 살살 비벼 보면 미끈거리고 끈적거리는 게 정말 가래침 같습니다. 손으로 살짝 거품 덩어리를 걷어 보니 세상에! 그 안에 웬 벌레들이 오글오글 모여 있습

갈잎거품벌레 애벌레

니다. 피부가 얼마나 야들야들하고 연약한지 정말 아기 피부 같습니다. 천적 중의 천적인 사람의 방문에 놀랐는지 녀석들은 옆으로 밀쳐놓은 거품 덩이 속으로 비집고 들어가느라 난리입니다. 바로 이 녀석들이 거품벌레의 자식들입니다.

 피는 못 속인다고 잘 들여다보니 날개가 없는 것만 빼고는 어른 거품벌레와 자식 거품벌레의 생김새가 얼추 비슷하군요. 사람 사는 세상에선 발가락만 닮아도 같은 핏줄로 인정하는데, 이 정도면 양호하지요. 날개는 여러 번 허물을 벗으면서 자라면 머지않아 생길 테고 그때가 되면 어미와 자식이 똑같이 생겼으니 유전자 스캔들이 일어날 리는 없습니다. 거품벌레의 자식들

거품방울 둥지를 짓고 있는 갈잎거품벌레 애벌레들

은 우애가 좋아 한집에서 모여 삽니다. 그러다 먹이가 부족하면 같이 옆 줄기동네로 이사를 가서 다 같이 힘을 합쳐 안전 벙커인 거품 집을 짓고 삽니다. 물론 밥은 나무즙이어서 주둥이만 나무줄기에 꽂고 마시면 되니 사람처럼 밥그릇 싸움은 하지 않습니다.

   도대체 건축 자재인 거품은 어디서 조달하는지 궁금합니다. 멀리서 구해 올 필요 없이 자급자족하면 됩니다. 배 꽁무니에서 나온 물똥을 이용하면 만사형통입니다. 따지고 보면 항문은 거품 무기 생산 공장입니다. 거품 방울은 항문에서 나오는 물똥과 항문 옆에 있는 분비샘에서 나오는 끈적끈적한 점액성 분비물이 합쳐져 만들어집니다. 거품을 살살 걷어 내 보면 녀석은 필사적으로 꼬물거리며 항문에서 물방울을 내기 시작합니다. 배를 움직거리면 항문에 이슬방울이 또르륵 맺힙니다. 그 거품 방울이 똑 떨어지면 또 만들고. 이렇게 만들어진 거품 방울들이 모아져 온몸은 거품으로 뒤덮입니다. 다다익선, 거품은 많을수록 좋습니다. 수북하게 쌓일수록 포식자들의 눈을 피해 꼭꼭 숨을 수 있어 좋고 쨍쨍 내리쬐는 햇볕을 막아 피부를 보호할 수 있으니까요. 비록 부모처럼 유능한 높이뛰기 선수는 못 되지만 배설물을 재활용한 집을 지어 자신을 지키는 자식들의 작은 지혜가 잔잔히 빛납니다.

하지만 사람 사는 세상에선 '거품'이 많을수록 망하기 십상입니다. 요즘 젊은 부부들은 어린아이에게 과자 하나 사 먹이기도 겁이 난다고 합니다. 과자 값이 좀 비싸야지요. 과자 하나 먹기 위해 포장지를 몇 개 걷어 내는 건 다반사입니다. 포장지 거품을 빼면 가격도 가벼워집니다. 비단 과자뿐만 아닙니다. 기름값, 핸드폰 요금, 약값, 식품 값, 카드 수수료, 옷값 등 거품 뺄 곳은 많습니다. 그러고 보면 사람 세계와 자연 세계는 늘 서로 반대편에 있습니다.❀

4. 마라톤 선수
모나크왕나비와 된장잠자리

 온 산을 울긋불긋 물들였던 단풍잎이 그새 낙엽 되어 뒹굽니다. 벌써 가을 막바지, 올해 마지막 곤충 조사하러 안면도에 가는 길입니다. 천수만을 지나가는데, 어느새 해는 기울어 뉘엿뉘엿 서쪽으로 넘어가고 서쪽 하늘은 분홍빛으로 물들고 있습니다. 바로 그때 천수만 널따란 호수에서 가창오리 떼가 무리 지어 하늘로 날아오릅니다. 수만 마리가 왼쪽으로 와르르 오른쪽으로 와르르 방향을 바꿔 가며 기하학 무늬를 선보이며 날아오릅니다. 발그스름하게 물든 서쪽 하늘을 수놓으며 춤추는 가창오리들의 군무! 얼마나 아름다운지 도무지 눈을 뗄 수가 없습니다.

 10월이면 우리나라에 어김없이 찾아왔다 이듬해 3월에 떠나는 가창오리는 겨울 철새입니다. 평상시에는 저 먼 얼어붙은 차가운 땅 시베리아에서 자식 낳고 살다가 겨울이 되면 혹독한 추위를 피해 수만 킬로미터를 날아 시베리아보다 따뜻한 우리나라에 피신합니다. 그것도 수만 킬로미터를 날아 낯선 땅으로 와야 하니 얼마나 고단할까요? 안타깝게도 겨울철 진객이 해마다 찾아올 때면 사람들은 철새 오리가 고병원성 AI(조류독감)를 농가에서 사육하는 오리에게 옮겨 줄까 봐 노심초사합니다.

곤충계에도 철새가 있습니다. '곤충계의 철새' 하면 모나크왕나비를 빼놓을 수가 없지요. 모나크왕나비는 북미 지역에서 사는 나비인데, 기온에 따라 남북으로 오르락내리락 이동합니다. 실제로 해마다 11월만 되면 멕시코 중부의 '인간구에오' 지방에서는 경이로운 현상이 일어납니다. 모나크왕나비가 떼거리로 북아메리카를 떠나 이곳에 속속 모여드는데, 그 숫자가 몇 억 마리가 될 만큼 어마어마합니다. 하늘의 별만큼 많은 이 나비들이 한꺼번에 나무에 매달려 있는 걸 상상해 보세요. 오죽하면 이 지역 사람들이 나비 떼가 붙어 있는 나무를 '황금빛나무'라고 했을까요?

따뜻한 멕시코에 도착한 모나크왕나비들은 11월부터 이듬해 4월까지 약 5개월간 나무에 앉아 겨울잠을 잡니다. 그리고 따뜻한 4월이 되면 약속이나 한 듯이 모두들 잠에서 깨어나 저 먼 북쪽 고향땅으로 이동합니다. 날고 날아 도착한 곳은 멕시코(겨울나기 장소)에서 북쪽으로 약 500킬로미터 떨어진 북아메리카. 이곳은 중간 기착지인데도 녀석들은 서둘러 짝짓기를 하고 독풀인 박주가리 잎에 알을 낳습니다. 알을 낳은 1세대 나비들은 바로 죽고 알에서 깨어난 애벌레는 무럭무럭 자라 2세대 어른 나비로 변신합니다. 다시 2세대 나비는 부모의 뜻을 받들어 '고향'을 찾아 계속 고단한 여행을 이어 갑니다. 이런 식으로 릴레이 경기를 하듯 녀석들은 개체수를 늘려 가며 이동합니다. 다행히 북아메리카 지역엔 박주가리가 널려 있어 녀석들은 맘

놓고 번식을 하면서 여행을 할 수 있습니다. 드디어 8월이 되면 캐나다 북동부 지역까지 올라가는데, 이젠 더 북쪽으로 올라가면 살 수 없으니 6개월간의 긴 여정은 여기서 끝이 납니다.

그러다 9월이 되면 다시 모나크왕나비들은 겨울을 나기 위해 따뜻한 멕시코로 내려가야 합니다. 북상할 때는 중간 기착지마다 멈춰 여러 세대가 번식을 하며 이동했지만, 남쪽으로 내려갈 때는 한 세대가 직항 항로로 이동하기 때문에 2달밖에 안 걸립니다. 그래도 그 먼 곳을 찾아가려면 적어도 하루에 100킬로미터를 날아 이동해야 합니다. 이쯤이면 장거리 마라톤 선수지요. 말이 그렇지 연약한 날개를 가진 나비가 하루에 100킬로미터를 난다고 생각해 보세요. 얼마나 고단하고 힘들지 상상이 갑니다. 사람 같으면 너무 힘들어 벌써 중간에 포기했을지도 모릅니다.

따져 보니 멕시코에서 캐나다까지 이동하는 동안 모나크왕나비는 4세대가 바뀌었군요. 무려 3만2천 킬로미터가 넘는 거리를 4대에 걸쳐 여행을 합니다. 사람으로 치면 죽고 낳기를 반복하면서 증손자가 증조할아버지가 살던 고향땅으로 정확하게 다시 돌아온 것이니 DNA의 힘은 아무리 생각해도 대단합니다.

우리나라에도 드넓은 바다를 건너온 철새 곤충이 있습니다. 이름도 구수한 된장잠자리입니다. 된장잠자리는 이름 그대로 몸색깔이 된장처럼 누리끼리합니다. 장마가 끝날 무렵이면 도시, 시골, 산, 들, 바닷가 할 것 없이 가장 많이 날아다니는 녀석이지요. 심지어 비가 내려도 하늘을 당차게 날아다닙니다. 그런데 녀석은 우리 토종이 아닙니다. 고향은 적도 부근의 열대 지

1. 혼인색을 띤 된장잠자리 수컷 2. 된장잠자리의 아름다운 겹눈
3. 잠자고 있는 된장잠자리. 여름이지만 태백산 고지여서 날개에 서리가 서렸다.

방입니다. 봄이면 적도 부근에 살던 된장잠자리가 바람을 타고 우리나라에 날아옵니다. 그뿐만 아닙니다. 일본이나 중국까지도 날아가고 심지어 태평양을 건너기도 합니다. 이렇게 장거리 비행을 잘하는 것은 체형에 비해 뒷날개가 굉장해 큰 데다 가슴 속에 있는 공기를 보관하는 기관이 넓기 때문이지요. 아무리 그렇다 쳐도 벌레에 불과한 조그만 녀석이 수천 킬로미터를 날아다닌다니 탁월한 비행 솜씨에 혀가 내둘러집니다.

곡예사처럼 풀줄기에 철봉 체조하듯 매달리는 걸 좋아하는 된장잠자리. 예전에는 장마가 시작되는 7월 초에 저 멀리 동남아시아에서 날아왔는데, 지금은 빨라져 4월 말에도 눈에 띕니다. 바다를 건너고 산을 넘어 이역만리 우리나라에 도착한 된장잠자리(1세대)는 서둘러 알을 낳습니다. 다행히 녀석들은 까다롭지 않아 하천이나 연못, 웅덩이 등 물만 있으면 아무 곳에 알을 낳습니다. 된장잠자리 애벌레는 '속성반'이라서 35일 정도만 물속 생활을 하면 어른 잠자리(2세대)로 변신해 공중을 날아다닙니다. 다시 2세대 된장잠자리가 낳은 알에서 깨어난 애벌레가 자라 3세대 어른잠자리가 되고. 이렇게 가을까지 4~5세대가 돌아갑니다. 그래서 덥고 습한 장마가 끝날 무렵이 되면 된장잠자리들이 하늘을 수놓을 정도로 많아집니다.

하지만 된장잠자리는 원래 고향이 열대 지방이다 보니 추위를 엄청 타 우리나라의 추운 겨울을 견디지 못합니다. 10도 이하만 되도 추워서 덜덜 떨다가 죽습니다. 그러다 보니 몇 세대를 거쳐 번식한 자손(알과 새끼)들이 추위를 견디지 못하고 모두 몰살합니다. 추위 때문에 일어난 가문의 비극이지요.

그런 줄 아는지 모르는지 된장잠자리는 뜨거운 여름날 연못 물에 알을 쏟아붓습니다. 그것도 모자라 광택 나는 자동차 표면이 물인 줄 알고 자동차 위에 연신 알을 낳아 하얀 자동차 위에는 알이 쌓여만 갑니다. 그런 된장잠자리를 보고 있자니 가슴이 먹먹해 옵니다. 가야 할 때를 놓친 된장잠자리가 안쓰럽기만 할 뿐 도와줄 게 없으니 말이지요. 인간사도 된장잠자리와 다를 바 없습니다. 문득 이형기 시인이 쓴 "가야 할 때가 언제인가를 분명히 알고 가는 이의 뒷모습은 얼마나 아름다운가."란 구절이 떠오릅니다. 자기 처신을 잘 하는 것도 삶의 지혜란 생각이 듭니다.

5. 물구나무서기 선수
등에잎벌

  도시의 거리는 한마디로 간판 물결로 일렁입니다. 주먹구구식으로 어지럽게 걸린 간판들이 혼란스럽게 걸린 건 어제오늘의 일이 아닙니다. 옆집 간판이 번쩍거리면 이에 뒤질세라 자기 집 간판은 더 요란하게 바꾸고 커지면 울며 겨자 먹기로 자기 집 간판도 바꾸고. '누가 누가 튀나?' 그야말로 간판 경쟁이 장난이 아닙니다. 그 틈에 정말 튀는 간판이 끼어 있어 눈길이 절로 갑니다. 거꾸로 매달린 간판! 한식집의 '황태 콩나물 해장국'도, 중국집의 '福'자도 거꾸로 뒤집어 놓았군요. 중국에서는 '복'자를 거꾸로 달아 놓으면 복이 쏟아져 내린다고 합니다. 또한 '사진이 있는 마을'이라는 사진관도 간판을 거꾸로 달았네요. 아마 상이 상하좌우 거꾸로 보이는 카메라를 사용하나 봅니다. 그렇게 찍으면 화질이 굉장히 좋은 사진이 나온다 하니 거꾸로 단 간판을 예사로 볼 건 아닙니다.

  최근 세상을 거꾸로 바라보는 사람들과 풍경이 주목을 받고 있습니다. 거

버드나무 잎의 등에잎벌류 애벌레. 위협을 느끼면 동시에 물구나무를 선다.

꾸로 본 세상은 어떨지 슬그머니 물구나무를 서 봅니다. 어질어질한 게 바닥에 있는 물건들이 낯설게 보이는군요. 곤충 중에서도 물구나무서기를 밥 먹듯이 하는 등에잎벌이 있는데, 거꾸로 선 녀석의 눈으로 보는 세상은 어떨까 궁금해집니다.

 말 그대로 등에잎벌은 식물의 잎사귀를 먹고 사는 벌입니다. 그런데 잎벌 가족의 식성은 까다로운 편이라 부모와 자식의 밥이 다릅니다. 부모는 고기를 사냥해서 먹고 살지만 자식은 채식주의자라서 식물의 잎사귀만 먹고 삽니다. 마침 구름도 쉬어 가는 대관령 오솔길에서 등에잎벌 애벌레와 조우했습니다. 계란을 풀어 놓은 듯 노르스름한 옷을 입고 있는 녀석들의 본적지는 백당나무. 녀석들은 백당나무 잎에 옹기종기 모여 한솥밥을 먹고 삽니다. 수십 마리가 밥도 함께 먹고 잠도 함께 자고 이사도 함께 다니고 물구나무도 같이 섭니다.

 녀석들은 배가 무척이나 고팠는지 잎을 아삭아삭 뜯어먹고 있습니다. 천적의 눈을 피해 잎 뒷면에 딱 붙어 있으니 웬만한 바람이 불어도 떨어지지 않습니다. 먹성이 얼마나 좋은지 잎 하나를 게눈 감추듯 뚝딱 먹어 치웁니다. 더구나 수십 마리가 떼로 모여 식사를 하니 잎사귀 하나를 아작내는 데는 20분도 안 걸립니다. 녀석들은 잎사귀 하나를 다 먹어 치우면 모두 함께 옆에 있는 잎사귀로 이사를 갑니다. 집단으로 이사 다니며 끊임없이 먹어 대니 녀석이 지나간 백당나무 잎은 홍수가 휩쓸고 간 것처럼 앙상합니다.

 보통 사람 같으면 며칠만 모여 살아도 치고 박고 싸울 텐데, 하물며 '벌레'인 아기 등에잎벌들은 얼마나 싸울까요? 다행히도 녀석들은 절대 싸우지 않습니다. 밥도 자기 구역의 것만 먹고 남의 밥은 거들떠보지도 않습니다. 만일 화가 나서 집단에서 뛰쳐나오면 그날로 제삿날입니다. 혼자 다니면 포식자들의 표적이 되기 십상이거든요. 아무튼 집단생활을 하는 이유는

찔레나무 줄기에 나란히 알 낳는 장미등에잎벌

단 하나, 오직 살아남기 위해서입니다. 잎사귀 하나에 수십 마리가 몰려 있으면 멀리서 봤을 때 천적의 눈에 먹잇감이 굉장히 크게 보입니다. 더구나 몸색깔까지 잎사귀와 비슷한 보호색을 띠니 천적들이 공격하려다 멈칫합니다.

꼬물꼬물 밥 먹는 모습이 귀여워 기념사진 한 방 찍어 줍니다. 철컥철컥 셔터가 눌러지고 플래시가 번쩍번쩍 터지니 엎드려 식사하던 녀석들이 일제히 돌변합니다. 너나 할 것 없이 모두가 꼬리(배 끝)를 하늘로 향해 치켜듭니다. 배 꽁무니를 치켜세울 수 있을 때까지 최대한 높이 물구나무를 섭니다. 마치 초상권 침해라고 항의라도 하듯이. "알았어, 안 찍을게, 어서 밥 먹어." 그러고도 한참이 지나서야 안심이 됐는지 치켜든 꼬리를 슬그머니 내립니다. 또다시 "한 방만 더 찍자. 밥 먹는 데 건드려 미안." 하며 카메라를 들이대니 녀석들이 재빠르게 떼로 물구나무를 섭니다. 얼마나 꼬리를 높이 치켜드는지 허리가 부러질 지경입니다. "안 찍을게. 허리 부러질라. 이제 그만 꼬리 내려라."

녀석들은 위험을 느낄 때마다 본능적으로 물구나무를 서니 보통 피곤한 게 아닙니다. 그래도 어쩔 수 없습니다. 힘도 없고 그렇다고 몸에 독 물질이 있는 것도 아니고 녀석들이 할 수 있는 건 오로지 집단으로 물구나무서기. 얌전히 있다가 난데없이 수십 마리가 갑자기 꼬리를 쳐들고 일제히 물구나무를 서면 포식자가 얼마나 놀라겠습니까? 결국 녀석들에게 물구나무서기는 자신의 목숨이 걸린 보디랭귀지입니다. 자연 세계는 완벽함이 허락되지 않는 곳입니다. 설사 녀석들이 보호색을 띠고 위장을 하고 집단으로 물구나무를 서도 천적들에게 잡아먹히는 건 부지기수니까요.

 아기 등에잎벌처럼 거꾸로 보는 세상은 어떤 느낌일까? 거꾸로 세워진 지붕, 거꾸로 누운 자동차, 거꾸로 걸어가는 사람들……. 늘 보아 식상한 것들이 처음 보는 것처럼 새로울지도 모릅니다. 인생사 새옹지마塞翁之馬라고 한때 좋았던 것이 안 좋아질 수도 있고, 때로는 안 좋았던 것이 되레 역전될 수도 있습니다. 물구나무서는 벌레에게서 한 수 배웁니다.

6. 곤충계의 쇼트트랙 선수
소금쟁이

온 세상이 초록으로 물든 6월입니다. 햇볕이 쨍쨍 내리쬐는 오후. 갑자기 시커먼 구름이 하늘을 덮어 버리더니 소나기가 한바탕 쏟아집니다. 호랑이가 장가라도 가는지 한참을 화끈하게 퍼부어 대다 언제 그랬냐는 듯이 소낙비는 싹 물러가고 다시 파란 하늘이 얼굴을 빼죽 내밉니다. 그새 길옆 자그마한 개울에 빗물이 제법 고였습니다. 개울물이 바람에 살랑일 때마다 물에 비친 초록빛 산봉우리도 덩달아 살랑살랑 춤을 춥니다.

바로 그때 무언가 날아옵니다. 바로 소금쟁이입니다. 어디서 날아왔는지 소금쟁이 몇 마리가 웅덩이 물 위에서 미끄럼 타며 놀고 있습니다. 이어서 소금쟁이들이 약속이나 한 듯이 하나둘 모여들기 시작합니다. 하나 둘 셋…… 어느새 개울은 소금쟁이 밭이 되어 가고 누가 먼저랄 것도 없이 녀석들은 떼로 스케이트를 타기 시작합니다. 여기서 쭈르륵 저기서 쭈르륵…… 그러다 힘들면 약속이나 한 듯이 잠시 물 위에서 쉬며 망중한을 즐깁니다. 학처럼 길고 가느다란 다리가 딛고 선 물 위에 귀여운 물 보조개가 핍니다. 살포시 물을 밟고 선 녀석들이 하도 신기해 개울가로 살금살금 다가가니 이게 웬걸?

다가기기 무섭게 소금쟁이들이 멀리 달아납니다. 날지도 않고서 눈 깜짝할 사이에 쭈르르륵 미끄러지듯 저만치 달아납니다. 얼마나 빠른지 마치 얼음판에서 스케이트 타며 쌩쌩 달리는 쇼트트랙 선수 저리 가라입니다. 금방 코앞에 있었던 녀석들이 눈 깜짝할 사이에 이쪽으로 미끄러져 갔다가 되돌아와 또 저쪽으로 미끄러져 갔다가 돌아옵니다. 오른쪽, 왼쪽, 앞쪽 가리지 않고 맘먹은 대로 머리를 돌려 미끄러져 돌아다니니 정신을 쏙 빼놓습니다. 그야말로 '동에 번쩍, 서에 번쩍' 홍길동이 환생해서 스케이트를 타는 것 같습니다.

세상에! 얼지도 않은 물 위에서 스케이트도 신지 않고 맨발로 스케이트를 타다니! 소금쟁이가 얼마나 빨리 달리는지 재 보았더니 한 번에 쭈르륵 미끄럼 타고 이동하는 거리가 무려 10센티미터가 넘습니다. 심지어 시간으로 따지면 1초에 자신의 몸길이(약 1센티미터)보다 약 100배나 더 멀리 이동한다니 타고난 쇼트트랙 선수입니다. 이는 사람으로 치면 키가 180센티미터인 사람이 1초에 180미터를 달리는 것과 마찬가지라 입만 떡 벌어집니다. 이쯤이면 '축지법을 쓰는 스케이트의 신'입니다.

말이 미끄러진다는 거지 실은 녀석들은 여섯 다리로 물 위를 밟고 달립니다. 달리는 속도가 하도 빠르다 보니 스케이트 타는 것처럼 보이는 것이지요. 그래서 소금쟁이를 서양에서는 폰드 스케이터(pond skater, 연못의 스케

1.소금쟁이 2.소금쟁이 짝짓기 3.애소금쟁이

이트 선수)라고 부르기도 하고, 워터 스트라이더$^{water\ strider}$라고 부릅니다. 이름 그대로 '물 위를 스케이트 선수처럼 미끄러지듯 걸어 다닌다'는 말이지요. 또한 녀석에겐 성스런 별명도 붙었습니다. 물 위를 걸어 다니는 폼이 예수가 물 위를 걷는 모습이 연상되어 '예수님 벌레$^{Jesus\ bugs}$'라고 부르기도 하니 말입니다. 이런 어마어마한 별명까지 붙었으니 소금쟁이는 벌레치곤 출세한 벌레입니다.

초능력 얘기가 나왔으니 말이지 소금쟁이의 초능력은 여기서 끝나지 않습니다. 소금쟁이는 사랑도 참 별나게 합니다. 수컷은 짝을 찾을 때 특별한 이벤트를 벌이며 사랑을 속삭입니다. 긴 다리로 물 표면을 두들겨 자그마한 파도를 일으켜 '나랑 결혼할래?' 프러포즈를 합니다. 그런데 얼마나 빨리 두들기는지 부러질 듯한 가느다란 다리로 1초에 적어도 3번에서 10번 정도 물 표면을 두드리며 암컷을 유혹합니다. 사람으로 치면 1초에 문자를 10개 정도 보내야 하니 바빠도 보통 바쁜 게 아닙니다. 힘겨운 문자질은 여기서 끝나지 않습니다. 자신이 공들이고 있는 암컷에게 다른 수컷들이 얼쩡거릴라 치면 문자 보내는 속도가 더 빨라져 1초에 80개에서 90개의 문자를 보냅니다. 다리를 두들겨 그 많은 문자를 써 대려면 얼마나 다리가 아플까요? 몸을 불사르며 혼신을 다하는 수컷의 구애 행동에 눈물이 날 지경입니다.

얼마 전 어느 기관에서 "결혼 후 바뀐 남편의 거짓말은?"이라는 주제로 설문 조사를 했더니 예상했던 대답들이 나왔습니다. 그 가운데 전통적으로 남자들이 써먹는 수법인 "결혼하면 당신의 손에 물 한 방울 안 묻게 해 줄게."란 대답도 들어 있었습니다. 물론 모든 생명들은 물을 떠나서는 살 수 없으니 애초부터 이 약속은 지키려야 지킬 수 없는 공수표지요. 하지만 소금쟁이라면 이 약속을 누워서 떡 먹기보다 더 쉽게 지킬 수 있습니다. 왜냐하면 소금쟁이는 평생 물에서 살면서도 몸에 물 한 방울 묻히지 않고 살 수 있기 때문이지요. 그 비결은 무엇일까요? 비결은 몸털에 있습니다. 고작 몸무게가 0.02그램밖에 안 나가는 녀석의 몸에 붙은 털은 보통 털이 아닙니다. 물과 섞이지 않는 기름기가 있는 털이지요. 특히 다리 끝과 배 아랫부분에는 벨벳 같은 솜털들이 쫙 깔려 있는데, 놀랍게도 털 사이사이에는 공기 방울이 잔뜩 들어가 있어 구명조끼처럼 물에 빠지지 않고 잘 뜰 수 있습니다. 더구나 이 털들은 기름기가 자르르 흘러 웬만해선 물과 섞이지 않습니다. 여기다 물들끼리 서로 떨어지지 않으려는 표면 장력까지 작용해 물의 표면은 마치 얇은 막으로 코팅되어 있는 것 같습니다. 그러니 몸이 가벼운 녀석이 몸에 물 한 방울 묻히지 않고도 물 위를 미끄러지듯이 내달릴 수 있지요.

봄부터 가을까지 세숫대야에 떠 놓은 물, 소낙비가 만들어 놓은 물웅덩이, 계곡물, 시냇물, 둠벙, 연못, 저수지, 호수 등등 물만 있으면 '짜잔' 훌쩍 날아와 물 위에서 스케이트를 신나게 타는 소금쟁이들. 그렇게 평생을 물을 떠나선 살 수 없는 녀석들을 보니 문득 지난겨울 동계올림픽 때 메달을 휩쓴 선수, '러시아 국적을 가진 한국인 쇼트트랙 선수'가 떠오릅니다. 소금쟁이가 물 위를 활보하듯이 쇼트트랙 선수도 얼음판 위에서 스케이트를 타야 하는데…… 무슨 곡절이 있었는지 모르지만, 자신을 낳아 주고 길러 준 우리 땅을 떠나 러시아 국민의 신분으로 낯선 러시아 땅에서 스케이트를 타야 하는 그 선수의 심정을 헤아려 보니 마음이 몹시도 짠해 옵니다.

7. 오체투지 수행하는
자벌레

　한강 강변도로를 지나는데, 뚝섬 근처의 강변에 누워 있는 특이한 건물이 눈에 띕니다. 들어가 보니 '자벌레'와 비슷하게 생긴 건물이군요. 자벌레를 본떠 가늘고 기다랗게 만들어 마치 거대한 자벌레가 터널 밑을 꿈틀꿈틀 기어가는 것 같습니다. 만날 포클레인을 동원해 밀고 파헤치며 토목 공사만 하는 줄 알았더니 기특하게도 벌레 닮은 복합 문화 공간을 다 만들어 놓았군요. 친환경적인 '자벌레' 건물은 낮 풍경도 좋지만 특히 밤 풍경이 강물에 비친 불빛과 어우러져 아름답습니다. 낭만이 춤추는 곳이니 자연스레 뚝섬 한강 공원의 명소로 떠오르고 있지요. 자벌레 건물에는 전망대 도서관, 카페 등이 잘 갖춰져 있어 사람들의 발길이 잦습니다. 얼마 전 중국 시안 지방에 간 적이 있었는데, 그곳에서도 깜찍한 무당벌레 모양으로 지어진 자연사박물관이 있어 굉장히 인상이 깊었습니다. 머지않아 곤충에서 아이디어를 딴 디자인이 주목받는 시대가 열릴 것 같아 내심 반가워집니다.

자벌레는 한마디로 나방의 애벌레입니다. 특히 나방 중에서 자나방 집안이나 가지나방 집안의 애벌레들을 부를 때 쓰는 말이지요. 기어갈 때 자로 잰 듯이 일정한 간격을 유지하

네눈가지나방 애벌레

면서 기어간다 해서 그리 부르는데, 서양 사람들도 인치웜^{inchworm}으로 부르니 나라는 달라도 벌레를 본 느낌은 같은가 봅니다.

눈부신 햇살이 쏟아지는 5월 아홉 왕들이 누워 있는 동구릉에 갑니다. 오솔길은 벌써 봄소풍 나온 사람들로 제법 붐빕니다. 혼자 또는 함께 걷는 사람들, 평상에 삼삼오오 앉아서 담소 나누는 사람들…… 다들 얼굴에 화색이 돕니다. 그런데 갑자기 앞서가던 사람이 "으아악~" 비명을 지릅니다. 무슨 큰 일이 일어났나 싶어 급히 달려가 보니 헛웃음만 나오네요. 공중에 매달려 뱅뱅 돌며 꼼지락거리는 귀여운 자벌레를 보고 바들바들 떨고 있으니 말이지요. '얼음'이 된 애벌레를 거두어 귀엽다고 쓰다듬으며 참나무 잎 위에 놓아주자 그 사람의 눈이 동그래집니다.

그런데 갑자기 잎 위에 놓아주었던 애벌레가 겁먹은 듯이 기어가기 시작합니다. 그런데 걷는 폼이 이상합니다. 꾸물꾸물 기어가지 않고 마치 자로 잰 듯이 한 뼘씩 한 뼘씩 일정한 간격으로 아장아장 기어갑니다. 오...오...오...모양을 유지하면서 몸이 직선으로 쭉 펴졌다 꼽추처럼 둥글게 휘어졌다, 직선으로 펴졌다 또 휘어졌다 하며 바쁘게 기어갑니다. 그렇게 기는 모습

잠자리가지나방 애벌레

이 정말이지 꼭 자로 재는 것 같습니다.

왜 녀석은 평범하게 기지 않고 특이한 몸짓을 하며 기어갈까요? 튀어 봤자 천적의 눈에 금방 띄어 황천길로 직행할 텐데 말이지요. 그건 다리에 장애가 있기 때문입니다. 즉 다리의 일부가 없어진 것이지요. 보통 나비 집안의 애벌레들의 다리는 모두 8쌍인데, 자벌레의 다리는 5쌍밖에 안 됩니다. 물론 병에 걸리거나 교통사고를 당해서 다리가 잘려 나간 게 아니고 조상 대대로 하루도 편할 날 없는 환경에 적응하면서 없어진 것입니다. 특히 몸 한가운데에 있는 다리(3쌍)가 없어졌으니 앞니 빠진 어린아이들처럼 보여 영 볼품이 없습니다. 다리가 장애라 생긴 건 못생겼지만 기어 다닐 때만큼은 다리가 없어진 부분이 꼽추처럼 휘어져 무슨 행위 예술 공연을 보는 것 같습니다.

따져 보면 멀쩡했던 다리가 사라진 데는 그만한 이유가 있습니다. 힘이라곤 하나도 없는 녀석들이 천적을 만나면 36계 줄행랑을 치는 게 최고. 아이러니하게도 다리가 잘려 나간 덕분에 굉장히 빨리 도망칠 수 있습니다. 실제로 자벌레와 정상적으로 다리가 다 달린 밤나방 애벌레를 시합시키면 자벌레가 더 빠릅니다. 몸 한가운데에 있어야 할 다리가 없으니 다리가 없는 부분만큼의 거리를 활처럼 몸을 구부려 한 번에 훌쩍 건너뛸 수 있기 때문입니다. 발에 차이고 굴러다니는 돌에도 다 이유가 있다는데, 하물며 생명체인 자벌레가 이렇게 살아야만 하는 이유가 왜 없겠습니까?

　염치 불구하고 기어가는 녀석을 살짝 건드려 봅니다. 마른하늘에 날벼락을 맞은 듯 깜짝 놀란 녀석은 몸을 일자로 쭉 뻗은 채 힘을 주고는 죽은 듯 가만히 있습니다. 머리와 가슴 부분을 번쩍 들어올린 채. 내친김에 한 번 더 툭 쳐 봅니다. 아, 이번엔 화를 벌컥 내는군요. 배 꽁무니만 나뭇가지에 딱 붙이고 몸을 벌떡 일으키더니 상반신을 사납게 이리저리 흔들어 댑니다. 방어가 최선의 공격이라는 듯 마치 포효하는 사자처럼 사납게 위협합니다. '하룻강아지 범 무서운 줄 모른다더니 바로 널 두고 한 말이구나.' 그런 모습이 너무 귀여워 사진 한 방 찍어 줍니다. 찰칵찰칵. 플래시가 터지니 녀석이 겁을 잔뜩 먹고 줄기 아래로 뚝 떨어집니다. 얼마나 빨리 떨어지는지 번지점프 선수가 따로 없습니다. 그런데 녀석이 떨어지는 와중에도 입에서 명주실을 순식간에 토해 줄기에 붙입니다. 그 덕에 녀석은 땅바닥에 완전히 떨어지지 않고 공중에 대롱대롱 매달립니다. 바람이 부는 대로 녀석은 마치 서커스 소년처럼 달랑 명주실 한 가닥에 매달려 빙글빙글 돕니다. 공중에 매달린 녀석을 만져 보니 긴장을 했는지 힘이 잔뜩 들어가 몸이 단단

7장 스포츠 스타 곤충　209

합니다. 안쓰러워 녀석을 잎 위에 올려 주려고 살짝 손을 대니 요동치며 싫다고 난리를 칩니다.

몇 분이 지나자 녀석이 안정을 찾았는지 드디어 작전 개시. 녀석이 명주실을 타고 떡갈나무를 향해 올라가기 시작합니다. 가슴에 붙은 6개 다리로 가느다란 명주실을 딛고서 한 걸음 한 걸음 위쪽으로 이동합니다. 짓궂은 바람이 불어 몸뚱이가 빙그르르 돌아도 개의치 않고 명주실에서 떨어지지 않고 계속 타고 올라갑니다. 얼마나 줄을 잘 타는지 "거미가 줄을 타고 올라갑니다."가 아니라 "나방이 줄을 타고 올라갑니다."군요. 말이 나왔으니 말이지 거미는 거미줄을 타고 올라가는 게 아니라 거미줄을 먹으면서 올라가니 동요 가사가 잘못된 것이지요.

줄타기 끝에 드디어 나뭇가지에 도착한 자벌레. 힘들었는지 나뭇가지에 꼼짝도 않고 붙어있네요. 그 모습이 나뭇가지와 너무 닮아 나뭇가지인지 애벌레인지 구분이 안 갑니다. 녀석은 잠 잘 때나 쉴 때도 늘 나뭇가지에 달라붙어 나뭇가지로 위장합니다. 위장술의 천재지요. 이렇게 우여곡절을 겪으면서 자벌레는 평생 동안 잘 때와 쉴 때만 빼고 잎사귀를 먹으며 무럭무럭 자랍니다. 번데기를 거쳐 어른 자나방으로 부활할 날을 손꼽아 기다리면서.

지난 가을날 순천 선암사에 간 적이 있습니다. 선암사까지 들어가는 구부렁길은 너무도 아름답습니다. 그런데 그 길 위에서 법복을 정갈하게 차려 입은 스님 수십 명이 땅에 머리와 온몸을 댄 채 절을 하고 있었습니다. 말로만 듣던 오체투지, 일보일배. 그 광경을 직접 보니 가슴에 100볼트 전기가 지나가는 것처럼 찡하고 울컥했습니다. 어느새 나도 스님들의 뒤를 따라 걷습니다. 자벌레처럼 한 걸음씩 한 걸음씩 걸음을 옮기면서 복효근 시인이 쓴 시를 생각합니다.

자벌레

오체투지, 일보일배(一步一拜)다.

걸음걸음이 절명의 순간일러니
세상에 경전 아닌 것은 없다.

제가 걸어온 만큼만 제 일생이어서
몸으로 읽는 경전

한 자도 건너뛸 수 없다.
- 복효근 〈마늘촛불〉에서

오늘은 마음 내려놓고 나도 한 발짝 한 발짝…… 걸음 옮기는 발자국마다 입맞춤하는 자벌레를 닮아 오늘을 간절하게 살자고 원을 세웁니다.

8. 체조선수
방아벌레

　슈베르트가 작곡한 〈아름다운 물레방앗간의 아가씨〉 시디를 벌써 3번째 돌려 듣습니다. 아름다운 선율이 맑은 테너 가수의 목소리를 타고 흐릅니다. 주인집 딸을 사랑했으나 이뤄지지 못해 정처 없이 떠돌다 결국 강물에 몸을 던진 물레방앗간의 청년이야기. 물레방앗간 스토리는 비극으로 끝나 무겁지만 음악은 감미롭습니다. 하지만 이효석의 〈메밀꽃 필 무렵〉에서의 물레방앗간은 로맨스가 싹튼 곳입니다.

　"장이 서던 날, 허 생원은 객주집 토방이 너무 더워 물레방앗간 쪽으로 목욕을 하러 갔다가 그곳에서 우연히 울고 있는 성처녀를 만나 이야기를 나누다……."

　허 생원과 성 서방네 처녀가 우연히 하룻밤을 보내며 정분을 나누는데, 결국 이야기는 해피엔딩으로 끝납니다. 예나 지금이나 음악이나 소설, 영화

대유동방아벌레

엔 어김없이 물레방앗간이 등장하고, 그 물레방앗간에선 아름다운 사랑의 역사가 만들어집니다. 그런데 나는 무드 없게 방앗간 하면 방아벌레가 제일 먼저 떠오릅니다. 방아벌레는 사랑에는 젬병이지만 툭 하면 방아 하나는 잘 찧어 대거든요. 방아벌레는 등딱지날개가 딱딱해서 족보상 딱정벌레목 가문에 들어갑니다. 방아 찧듯 널뛰기를 잘해 이름도 방아벌레라 붙었습니다. 공중으로 튀어 올라 바닥으로 뚝 떨어지는 모습이 마치 방아로 곡식을 찧는 것과 닮았기 때문이지요. 어떤 사람은 튀어 오를 때 '똑딱' 소리를 내서 '똑딱벌레'라 부르기도 하고, 서양에서도 '똑딱'이란 말이 들어간 '클릭 비틀즈 (click beetles, 똑딱 소리를 내는 딱정벌레란 의미)'라 부릅니다.

7장 스포츠 스타 곤충 213

꽃샘추위가 소리소문 없이 물러가자 화사한 사월의 햇살이 온 세상에 내려앉습니다. 봄볕에 목욕하며 천천히 걷는데, 뭔가가 부웅~ 하며 내 앞을 날아갑니다. 얼마 안 있어 또 한 마리가 부웅~ 날아 땅바닥에 뚝 떨어집니다. 얼른 다가가 보니 헤비급 방아벌레인 왕빗살방아벌레군요. 우리나라에서 제일 큰 늠름한 방아벌레가 체통머리 없게 땅바닥에 넙죽 엎드려 있습니다. 몸색깔은 온통 갈색인데, 군데군데 빗살무늬가 그려져 마치 '빗살무늬토기'가 바닥에 누워 있는 것 같습니다. 한참 후 녀석이 일어나 방아벌레 특유의 톱니같이 생긴 더듬이를 휘휘 저으면서 앞으로 뚜벅뚜벅 걸어갑니다. 부지런히 걸어가는 녀석을 살짝 건드렸더니 이게 웬일? 녀석이 덩치 값도 못하고 '얼음'이 되어 팔다리와 더듬이를 오그리고 기절을 합니다. 그것도 땅바닥에 벌러덩 누워 꼼짝을 안 합니다. 일어나라고 흔들어 깨워도 묵묵부답. 되레 몸에 힘이 바짝 들어가 뻣뻣합니다.

얼마나 지났을까? 껌 딱지처럼 바닥에 딱 붙어 있던 녀석이 슬슬 움직이기 시작합니다. 여섯 다리와 더듬이가 꼬물꼬물 움직입니다. 그러더니 눈 깜짝할 사이에 널뛰기를 하네요. 몸뚱이가 '탁' 소리를 내며 훌쩍 공중으로 튀어 올랐다가 튀어 오르기 무섭게 번개처럼 땅에 뚝 떨어집니다. 더 놀라운 건 땅에 떨어진 녀석의 몸뚱이가 벌러덩 뒤집힌 게 아니라 똑바로 앉아 있습니다. 그 자세가 얼마나 유연하고 정확한지 체조 선수 뺨칠 정도입니다. 다시 녀석의 몸을 뒤집어 놓으니 이번에도 어김없이 펄쩍 뛰어 공중회전돌기를 해 바닥에 사뿐히 내려앉습니다, 마치 방아를 찧는 것처럼. 열 번이면 아홉 번은 신들린 듯 펄쩍펄쩍 잘도 튀어 올라 내려옵니다. 그것도 뛰었다 하면 고난도로 10점 만점! 정말이지 타고난 체조 선수입니다.

그러고선 걸음아 나 살려라 36계 줄행랑을 치는 녀석을 또 건드리니 역시나 영화의 시나

혼수상태에 빠진 대유동방아벌레

리오처럼 발라당 누워 또 기절을 합니다. 재밌게도 이건 연출이 아니라 실제 상황입니다. 실제로 온몸을 오그리고 '나 죽었다' 하며 혼수상태에 빠진 것입니다. 죽은 척하는 게 아니라 실제로 정신을 잃어 세상이 어찌 돌아가는지 모릅니다. 사람으로 치면 마취에서 못 깨어난 상태에 견줄 만합니다. 이런 걸 '가짜로 죽은 것(가사 상태)'이라고 하는데, 곤충 세계에서는 흔히 있는 일입니다. 일정한 시간이 지나면 제정신으로 돌아오는데, 5분 만에 깨어나는 녀석도 있고 1분 만에 깨어나는 녀석 등등 곤충마다 다릅니다.

그런데 녀석은 사람도 하기 어려운 공중회전돌기를 어떻게 할까요? 비결은 가슴 아랫면의 앞가슴 복판에 붙은 지렛대 같은 '돌기(앞가슴 복판 돌기)'에 있습니다. 즉 녀석이 유능한 체조 선수가 되기까지의 일등공신은 지렛대입니다. 방아벌레는 늘 지렛대 같은 '돌기'를 몸에 딱 붙이고 다니는데, 그 지렛대 돌기 덕분에 유능한 체조 선수가 될 수 있으니 돌기는 녀석에게 보물단지입니다. 녀석은 뒤집혔을 때 그냥은 못 일어납니다. 다리가 짧기 때문에 누워서 다리를 뻗어도 바닥에 닿지 않습니다. 그러니 버둥대다가 천적에게 잡아먹힐 가능성이 높습니다. 그래서 꾀를 낸 것이 바로 이 돌기를 이

용하는 것이지요. 지렛대 같은 돌기를 이용하면 공중으로 튀어 오른 뒤 거뜬히 반 바퀴 돌아서 땅에 내려앉을 수 있기 때문입니다. 물론 이 묘기는 오랜 시절 조상 대대로 위험하면 튀어 오르고 또 위험하면 튀어 오르고…… 이렇게 튀어 오르기를 거듭하면서 적응해 온 솜씨입니다.

방아벌레류는 얼마나 높이 튀어 오를까요? 몸집의 크기에 따라 다르겠지만 어떤 녀석은 25센티미터까지도 '똑딱' 소리를 내며 튀어 오릅니다. 키가 1센티미터도 채 안 되는 녀석이 정지된 자세에서, 그것도 다리 하나 사용하지 않고 오로지 몸의 반동만 이용해서 제 몸길이의 25배나 되는 25센티미터를 뜁니다. 사람으로 치면 키가 180센티미터인 사람이 45미터를 뛰어오르는 거나 마찬가지니 그저 놀랍기만 합니다.

방아벌레가 방아 찧듯 널뛰기를 하는 것은 심심해서가 아니라 살아남기 위한 전략으로 순전히 천적을 따돌리기 위해서지요. 사람들은 뛰었다 하면 만점이라고 입이 닳도록 녀석을 칭찬하지만 정작 녀석은 자신이 탁월한 체조 선수인 줄도 모릅니다. 그저 새나 거미 같은 포식자와 맞닥뜨리면 기절해 있다가 갑자기 '똑딱' 소리를 내며 공중으로 높이 튀어 올라 포식자의 눈을 교란시키기만 하면 대만족입니다. 이렇게 여러 번 널뛰기를 반복하면 천적은 혼이 빠져 먹잇감을 놓치게 됩니다.

물론 언제나 공중돌기를 성공하는 것은 아닙니다. 운 나쁘게도 똑바로 자세를 잡지 못하고 땅바닥에 뒤집혀 떨어질 때도 있지요. 하지만 그게 인생사. 바다에 밀물과 썰물이 있듯이 세상사도 사인 코사인 같은 오르락내리락하는 흐름이 있는데, 긴 세월 속에 어찌 늘 성공만 하고 살까요? 살다 보면 실패하고 절망할 때도 있습니다. 바닥까지 내려가면 더 이상 내려갈 데도 없습니다. 바닥 찍으면 땅 짚고 다시 위로 올라가는 일만 남았지요. 실패는 또 다른 성공의 기회를 들고 옵니다. 태양은 어둠 끝에서 옵니다.❧

9. 곤충계의 피겨 스케이트 선수
물맴이

　동계올림픽이 지금 한창 열리고 있습니다. 간밤에 러시아 소치에서 열린 동계올림픽 경기를 보느라 밤을 꼴딱 새웠습니다. '우리의 김연아' 선수 차례. 숨을 죽이고 아름답게 스케이트 타는 모습을 바라봅니다. 아름다운 음악에 맞춰 부드럽고 우아하게 쭈르륵 미끄러지다 앞으로 내달렸다, 뒷걸음질쳤다 껑충 뛰어올라 빙글빙글 돌다가 또다시 뛰어올라 빙그르르 돌고선 얼음판 위에 사뿐히 내려앉습니다. 그렇게 빙빙 돌 때마다 보석 박힌 옷도 같이 돌아 마치 아름다운 팽이가 빙글빙글 돌아가는 것 같습니다. 어찌 저리도 잘도 돌까? 그녀의 신기 오른 연기에 그저 입만 벌어집니다. 음악도 얼음판도 모두 김연아 선수의 몸짓에 빠져들어 헤어나지 못하고 내 손에도 어느새 땀이 배어 있습니다. 그 열정적이고 아리따운 모습을 보니 곤충계의 피겨 스케이트 선수 물맴이가 불현듯 떠오릅니다.

　물맴이는 딱지날개가 딱딱한 딱정벌레목 식구입니다. 물맴이의 고향은 육지였는데, 오래전 땅을 버리고 물속으로 이민을 떠났습니다. 물론 물속에서 사는 딱정벌레는 그리 많지 않아 녀석의 주가는 굉장히 높습니다. 마침 전라도 신안 앞바다에 떠 있는 섬 자은도의 논둑길을 걷다가 예쁜 연못을 만났습니다. 그런데 이게 웬일인가요? 고요한 연못 물 위에서 물맴이들이 떼로 피겨스케이팅을 타고 추고 있군요. 얼마나 정신없는지 굿판이 따로 없습니다. 한 마리가 휘리릭 미끄러져 달려오더니 갑자기 신들린 듯 빙글빙글 돌기 시작합니다. 하도 빨라 도대체 몇 번을 도는지 셀 수도 없군요. 맴맴 돌고 있는데 어디선지 다른 녀석이 쭈르륵 미끄러지듯 달려 합세를 합니다. 연달아 세 마리, 네 마리, 다섯 마리…… 열 마리도 넘는 녀석들이 '누가 누가 더 잘 도나.' 시합이라도 하듯 일제히 물 위를 돌며 떼춤을 춥니다. 과연 소문대로 물맴이들은 물 위를 쭈르륵쭈르륵 미끄러지며 빙글빙글 돕니다. 제자리에서 뱅글뱅글 미친 듯이 돌다가 지그재그로 왔다 갔다 하며 돌다가 왼쪽으로 돌다 오른쪽으로 돌다 직선으로 달려갔다가 앞쪽으로 미끄러지듯 헤엄치다가 아래쪽으로 방향을 느닷없이 바꿔 헤엄치다가…… 정말 혼을 쏙 빼놓습니다. 몸색깔까지 영롱한 무지개 빛깔이라 너무도 아름답습니다. 얼마나 환상적인지 마치 귀엽고 아름다운 피겨 스케이트 선수들이 모여 갈라쇼를 펼치는 것 같습니다.

이렇게 물 위에서 또래들과 어울려 사이좋게 맴맴 돈다 해서 이름도 물맴이입니다. 또한 오색찬란하게 빛나는 몸으로 무당처럼 빙글빙글 돌며 춤을 춘다 해서 녀석에겐 물무당이란 별명이 붙었습니다.

그런데 물맴이들은 사람들을 즐겁게 하려는 게 아니라 가문의 생존을 위

물풀에 쉬고 있는 왕물맴이

해 빙빙 돌며 집단으로 떼춤을 춥니다. 아이러니하게도 떼춤을 추는 행동은 자신들에게 유리할 때도 있고 손해 볼 때도 있습니다. 즉 무리를 지으면 천적이 다가오는 걸 빨리 알아차릴 수도 있고 짝을 쉽게 찾을 수도 있고 먹이도 쉽게 찾을 수도 있습니다. 하지만 무리를 크게 지을수록 되레 물고기들이 더 잘 공격한다니 곤충사나 인간사나 사는 게 동전의 양면과 같습니다.

물맴이는 곤충계의 최고 피겨 스케이트 선수로 군림하지만 말 못할 신체적 장애를 안고 삽니다. 반짝반짝 빛나는 물맴이의 몸을 하나하나 뜯어보면 신기한 게 한두 가지가 아닙니다. 우선 눈이 두 동강이 나 분명히 눈은 2개인데 네 부분으로 나뉘어져 꼭 4개처럼 보입니다. 멀쩡한 눈을 위아래로 두

동강낸 이유는 살아남기 위해서지요. 공중과 물속에는 물 위에서 맴맴 돌며 사는 물맴이를 노리는 새, 잠자리, 물고기, 물자라 같은 힘센 천적들이 우글우글합니다. 눈이 위아래로 붙어 있으니 머리 위에 붙은 눈은 수면 위의 세상을 보고 아래쪽에 붙은 눈은 물속을 보면서 잡아먹히지 않으려고 늘 경계 태세에 들어갑니다. 결국 물 위와 물속을 한꺼번에 보면서 적을 살피기도 하고 먹잇감도 사냥하니 일석이조입니다.

또 빼놓을 수 없는 게 다리. 물맴이의 다리는 완전 기형에다 꽁꽁 숨겨 놓고 좀처럼 보여주지 않습니다. 앞다리는 굉장히 길고 가운뎃다리와 뒷다리는 얼마나 짧은지 앞다리의 절반밖에 안 됩니다. 재밌게도 물맴이가 빙글빙글 맴돌 때 오토바이 폭주족처럼 폭발적인 속력을 내는 것은 바로 가운뎃다리와 뒷다리 덕입니다. 커다란 몸에 비해 가운뎃다리와 뒷다리가 상대적으로 짧고 납작해 노를 젓듯이 재빠르게 움직여 빠른 속도를 내는데, 앞으로 헤엄쳐 나가기보다는 빙그르르 도는 게 훨씬 편합니다. 녀석이 짧고 넓적한 가운뎃다리와 뒷다리를 1초에 60번 정도 재빨리 돌려 저으면서 빙글빙글 돈다니 그 초능력에 놀랄 뿐입니다.

물맴이처럼 곤충들은 저마다 생김새나 행동이 다 다릅니다. 녀석들은 눈이 4개라고, 다리의 비율이 안 맞는다고, 못생겼다고 비관하지도 호들갑을 떨지도 않고 못생겼다고 우울해 하지도 않습니다. 그저 생긴 대로 위기를 기회로 삼으면서 거칠고 힘한 환경에 맞추어 살아갈 뿐입니다.

현재 우리나라는 가히 성형 공화국이라고 해도 지나치지 않습니다. 수술

건수로만 치면 세계 7위이고 성형 시장의 한 해 규모는 5조 원 정도로 세계 시장의 25퍼센트를 차지하니 성형 공화국이란 불명예 딱지가 붙을 만합니다. 강남의 어느 거리엔 열 집 건너 한 집에 '성형'이란 간판이 달려 있으니 말 다했지요. 오죽하면 중국이 '한국 성형주의보'까지 내렸을까요? 성형 열풍에 편승해서 일부 성형외과 의사들이 과대 광고를 하면서 성형 부작용이 일어나기 때문입니다. 외모 지상주의가 가져온 후유증이라 듣기만 해도 씁쓸하기만 합니다. 거리마다 생겨나는 그 숱한 성형외과, 거리마다 넘쳐나는 성형 미인들을 보면 유전자가 정해 준 대로 생긴 대로 당당하게 살아가는 물맴이가 대견합니다. 왠지 곤충들이 사람들에게 충고하는 것 같습니다. "이제 외모에 대해선 입 다뭅시다!"

8장_ 인간의 삶 속에 들어온 곤충

1. 덩더꿍 장구 치는
장구애비

얼마 전 이 시대의 '최고 지성'으로 손꼽는 이어령 전 문화부 장관의 팔순 잔치가 열렸습니다. 축하객이 얼마나 많은지 그야말로 행사장은 인산인해입니다. 특이하게 팔순 잔치인데도 행사장에는 그 흔한 꽃, 얼음조각이 보이지 않고 축의금을 내는 곳은 아예 보이지도 않습니다. 더구나 축하 행사가 열리는 내내 '지체 높은' 손님을 따로 소개하지 않고 으레 있어야 할 축사도 빠졌습니다. 성대할 줄 알았던 팔순 잔치는 동행했던 모든 사람들이 다 똑같이 VIP로 대접받은 오무(五無) 잔치였습니다. 하지만 내로라하는 한국 최고의 명인들이 모여 신명나는 공연을 펼쳤으니 잔칫날 메뉴는 풍성했습니다. 사물놀이패는 신들린 듯 온몸을 불사르며 연주해 분위기가 후끈 달아올랐습니다. 특히 이 시대 최고의 예인 김덕수가 한바탕 놀며 치는 '쿵더더덕 쿵더꿍 쿵더더덕 쿵더꿍' 현란한 장구 소리에 모두들 어깨가 들썩들썩했습니다.

장구애비

 그 모습을 보고 있노라니 문득 장구 치는 벌레가 생각납니다. 바로 장구애비란 벌레지요. 장구애비는 평생을 물을 떠나선 못 사는 물속곤충(수서곤충)으로 긴 다리로 물풀 사이를 경중경중 춤추듯이 헤엄치며 삽니다. 녀석의 피부는 까무잡잡하고 시커먼 게 영 비호감이지만 낫같이 휘어진 앞다리를 덤벙덤벙 저어 대는 춤사위 하나는 순박해서 매력적입니다. 그런 모습이 꼭 흥이 나서 장구를 치며 노래를 부르는 사람 같아 장구애비란 이름이 붙었습니다.
 여느 곤충과는 다르게 장구애비는 몸집(25~52밀리미터)이 제법 커서 맨눈으로도 잘 볼 수 있습니다. 몸색깔은 거무튀튀한 갈색에 늘 흙 같은 먼지

1.왕잠자리 애벌레를 잡은 장구애비 2.시냇가

를 뒤집어쓰고 있고 몸뚱이는 길기만 합니다. 머리부터 호흡관까지의 길이가 자그마치 9센티미터니 말입니다. 그나마 작은 머리의 동그란 겹눈은 옆으로 툭 튀어나온 구슬 같아 깜찍합니다. 재밌게도 배와 등짝은 거의 붙을 정도로 납작해 복부 비만인 사람들에겐 선망의 대상입니다. 뭐니 뭐니 해도 장구애비하면 '장구 치는' 앞다리가 압권입니다. 앞다리의 원래 용도는 먹이 조달을 위한 사냥용인데, 허벅지(넓적다리마디)가 마치 헬스클럽 다니며 근육 운동이라도 한 것처럼 알통이 불뚝 나왔고 안쪽으로 굽어져 뭣이든 움켜잡기에 딱 좋게 생겼습니다.

굼벵이도 구르는 재주가 있다고 수영을 잘 못해 걸핏하면 물속에서 허우적대기 일쑤인 녀석들의 사냥 솜씨는 기막힙니다. 물풀 사이나 물바닥에 쌓인 낙엽 속에 잠복하고 있다가 눈앞에 송사리 같은 먹잇감이 얼쩡거리면 잽싸게 튀어나가 튼실한 앞다리로 먹잇감을 낚아챕니다. 그러고선 뽀뽀하듯이 먹잇감에 주둥이를 푹 찔러 넣습니다. 먹잇감은 젖 먹던 힘까지 다 쓰며 장구애비 품에서 빠져나오려 요동을 치지만 헛수고. 요동치던 몸이 축 늘어져 '날 잡아 잡수세요.' 하며 널브러집니다.

장구애비는 사냥 솜씨도 좋지만 요리 솜씨도 탁월합니다. 펜촉 같은 뾰족

한 주둥이를 먹잇감에 푹 찔러 넣고 독 주사를 놓습니다. 독액 주사에는 소화 효소가 들어 있는데, 이 효소는 요리에 꼭 들어가야 하는 필수 양념입니다. 독액 양념이 구석구석 퍼져 나가면 먹잇감의 몸은 흐물흐물 죽처럼 녹아 버립니다. 장구애비는 죽 요리를 쭉쭉 들이마시며 만찬을 즐깁니다.

뭐니 뭐니 해도 장구애비 하면 배 꽁무니에 달린 공기 빨대입니다. 녀석들이 육상에서 물속으로 이사와 살다 보니 해결할 게 한둘이 아닙니다. 숨도 쉬어야지, 헤엄도 쳐야지, 먹어야지…… 특히, 육상에서 살다가 물속으로 이사 온 녀석들이 당면한 가장 큰 문제는 숨쉬기였습니다. 육상에는 널린 게 공기라 그저 들이마시기만 하면 되는데, 물속에선 사정이 달라졌습니다. 공중에 그 많던 산소가 물속에 녹아 있으니 그림의 떡입니다. 그러면 숨을 어떻게 쉴까요? 장구애비는 수많은 세월을 살면서 물속에서도 숨쉴 수 있는 특허품을 개발했지요. 특허품은 바로 공기 빨대인 호흡관! 호흡관만 있으면 만사형통이지요. 배 꽁무니에 붙어있는 호흡관은 굉장히 가늘지만 철사같이 단단해 부러지지 않습니다. 게다가 호흡관은 얼마나 긴지 제 몸뚱이만큼 깁니다. 물론 수컷의 호흡관은 좀더 길지만 말입니다.

녀석은 산소가 필요하면 어기적어기적 물 표면으로 헤엄쳐 나와 몸을 180도로 방향을 바꾸어 앞다리는 물바닥 쪽을 향하고 배 꽁무니는 물 표면으로 향하며 물구나무를 섭니다. 물론 비스듬히 서야 몸의 균형을 잘 잡을 수 있지요. 그런 후 배 끝에 있는 기다란 호흡관을 물 표면에 대고 필름 같은 얇은 물 표면 막을 깨고 공중에 지천으로 깔린 공기를 원 없이 들이마십니다.

장구애비는 고약한 냄새를 폴폴 풍기는 노린재 가문(노린재목)의 식구입니다. 보통 노린재들은 거의 육상에서 사는데, 장구애비는 어찌된 일인지 물속으로 거처를 옮겼습니다. 평생을 물속에서 살아야 할 팔자다 보니 물 밖의 땅으로 외출 한 번 나왔다가는 죽을 수도 있습니다. 그래서 녀석의 몸은 '물속용'입니다. 녀석의 몸색깔은 물바닥의 진흙 색깔처럼 거무튀튀해서 연못이나 농수로의 바닥과 물풀 사이에 숨어 있으면 잘 보이지 않습니다.

불과 10년 전만 해도 연못, 둠벙이나 농수로 같은 물속을 뒤적거리면 물풀 사이에는 늘 장구애비가 많았습니다. 그때는 하도 흔해 푸대접까지 받았던 장구애비가 요즘은 몸값이 좀 비싸졌습니다. 물이 없으면 죽은 목숨인 장구애비. 날마다 흥겹게 장구 치듯 앞다리로 헤엄치는 녀석들이 우리 곁에서 사라지지나 않을까 걱정입니다. 우리네 사람 사는 세상에도 장구애비처럼 흥겹게 장구 치듯 박수칠 일들이 많아지면 얼마나 좋을까요?

2. 도토리 한 개면 충분해
도토리거위벌레

가을입니다. 간밤에 분 바람 탓일까? 제법 굵직한 도토리들이 여기저기 산길에 카펫처럼 흩어져 있습니다. 도토리는 떡갈나무, 신갈나무, 갈참나무, 졸참나무, 굴참나무, 상수리나무 같은 참나무류에서 열린 열매를 일컫는 말입니다. 도토리를 보니 "봄만 되면 참나무들은 올해엔 인간 세상에 풍년이 들까 아니면 흉년이 들까 점을 친단다."라고 하신 어머니 말씀이 귓전에 맴돕니다. 벼가 자라는 시기에는 비가 많이 와야 풍년이 들지만 참나무는 풍매화라서 비가 오지 않고 맑아야 수분이 잘 되어 열매를 많이 맺는다는 것을 빗대어 설명한 말입니다.

실제로 가난했던 시절에 흉년이 들어 먹을 것이 없으면 사람들은 도토리로 음식을 만들어 고픈 배를 채웠습니다. 즉 도토리가 대체 식량 역할을 톡톡히 할 만큼 도토리와 사람과의 인연은 각별합니다. 그런데 먹을 것이 남아도는 요즘 가을이면 도토리를 줍는 사람들이 웬만한 산과 공원에 쫙 깔

도토리거위벌레

렸습니다. 까만 비닐봉지를 든 아주머니와 할머니들은 물론이고 아예 전대를 만들어 찬 중년 남자도 눈에 띕니다. 다들 산길뿐만 아니라 숲속까지 들어가 땅에 떨어진 도토리를 줍느라 정신없습니다. 눈에 띄는 도토리만으로 성이 안 차는지 꼬챙이로 수북이 쌓인 낙엽들을 파헤치기도 합니다. 더구나 어두워지면 손전등까지 비춰 가며 도토리를 찾아낸다니 과연 보물찾기의 귀재입니다. 마침 그 모습을 지켜보던 한 등산객이 "그렇게 다 줍지 말아요. 다 주워 가면 산 짐승들 배곯아 죽어요." 큰 소리로 나무랍니다. 내가 하고 싶은 말을 대신해 주는 것 같아서 속이 다 후련합니다.

1. 도토리거위벌레 2. 도토리거위벌레가 자른 나뭇가지 달린 도토리

도토리 줍는 사람들이 휩쓸고 지나간 길을 걷는데, 도토리 한 개가 돌 틈에서 빼죽이 얼굴을 내밀고 있습니다. 얼른 다가가 주워 보니 참 가볍습니다. 흔들어 보니 싸스락싸스락 좁쌀 굴러가는 소리가 납니다. 가만히 보니 단단한 도토리 껍질에 송곳으로 뚫은 것 같은 구멍까지 뽕 뚫렸습니다. '용하기도 하지. 그새 아기 도토리거위벌레가 도토리 속에서 살다가 추워지니 겨울잠 자러 땅 속으로 들어갔구나.'

햇볕이 쨍쨍 내리쬐는 여름날 영글어 가는 도토리에선 한바탕 진기 명기가 펼쳐집니다. 주인공은 도토리거위벌레, 조연은 도토리. 암컷 도토리거위벌레가 '짠' 하고 나타나면 도토리 주변이 술렁입니다. 도토리거위벌레는 도토리 주변을 서성이며 도토리가 병이 들었는지 멀쩡한지 살핍니다. '와, 이 도토리 참 실하네. 내 맘에 쏙 들어. 여기다 알 낳아야겠어.' 도토리 하나를 고르고선 암컷 도토리거위벌레는 오묘한 향수인 성페로몬을 내뿜으며

수컷을 유혹합니다. 근처에 있던 수컷은 이게 웬 떡이냐며 암컷이 있는 데까지 한걸음에 달려옵니다. 암컷은 수컷을 보자마자 첫눈에 반했는지 곧바로 참나무 잎사귀 아래서 사랑을 나눕니다. 재미없게도 짝짓기는 금세 끝나고, 암컷은 이미 봐 두었던 도토리로 가고, 수컷은 멀찌감치 떨어져 다른 수컷이 오지 못하게 망을 봅니다.

암컷은 야무진 도토리 하나를 골라 제 몸의 절반이나 되는 기다란 주둥이로 구멍을 뚫습니다. 재밌게도 코끼리 코같이 생긴 주둥이 끄트머리엔 날카로운 이빨이 두 개나 나 있어 딱딱한 도토리에 구멍을 뚫는 데 안성맞춤입니다. 녀석은 주둥이로 드릴처럼 살살 돌려 도토리 속을 쏠아 냅니다. 한참을 쏠아 내니 구멍 뚫린 분만실 완성. 녀석은 서둘러 몸을 180도로 돌려 배 끝에 숨겨 둔 산란관을 빼내 그 구멍에 꽂고선 실룩거리며 알을 낳습니다. 알은 단 한 개뿐. 노동은 여기서 멈추지 않습니다. 도토리 구멍을 뚫을 때 생긴 부스러기를 긁어모아 분만실 문까지 막습니다. 어렵사리 낳은 알에 병균이 들어가면 안 되니까 세심하게 구멍 입구를 막고 또 막습니다. 더 놀라운 건 도토리가 매달린 나뭇가지를 주둥이로 톱질해 뚝 끊어 땅바닥에 떨어뜨립니다. 딱딱한 나뭇가지를 가냘픈 주둥이 하나로 잘라 내다니! 서리태콩만 한 녀석이 알 하나 낳자고 젖 먹던 힘까지 다 바치는 걸 보면 눈물이 날 지경입니다.

여름 내내 아기 도토리거위벌레는 땅에 떨어진 도토리 원룸에서 먹고 자고 싸며 무럭무럭 자랍니다. 그러다 가을이 되면 다 자란 아기는 원룸 도토리 집을 탈출합니다. 단단한 주둥이로 도토리 껍질을 뚫고선 영광의 탈출을

시도해 흙속으로 들어가지요. 그러곤 몸을 이리저리 뒤치면서 흙을 타원형으로 다지고 그 속에 들어가 내년 늦봄까지 겨울잠을 쿨쿨 잡니다. 황토방에서 자니 얼마나 잠이 달까요. 따지고 보면 원래 도토리는 도토리거위벌레의 밥이었습니다. 곤충이 그 누구보다도 지구에 먼저 나왔으니 말이지요. 녀석이 땅속으로 들어가는 가을이면 신나는 건 다람쥐와 배고픈 멧돼지입니다. 다람쥐는 땅에 톡톡 떨어진 도토리를 열심히 주워 먹고 저축도 하고 멧돼지는 허기진 배를 도토리로 채웁니다.

그런데 산짐승의 주식인 도토리가 남아나질 않습니다. 인간 다람쥐들이 날뛰며 도토리를 싹쓸이해 가기 때문이지요. 도토리묵 한 접시가 다람쥐 한 달 밥이고, 도토리거위벌레 수백 마리의 평생 식량인 걸 아는지! 먹을 것이 지천이라 넘쳐나 버리면서 사는 세상이 아니던가요? 이제 도토리는 도토리의 원래 주인인 산짐승과 벌레에게 돌려줍시다.

3. 미국으로 불법 이민 간
유리알락하늘소

신안군 앞바다의 고즈넉한 섬, 자은도입니다. 인적이 뜸한 연못 길, 어디선지 뱃고동 울리듯 '우~왕~~ 우~왕~~웅~~' 낮고 굵은 베이스 중저음의 울음소리가 터져 나옵니다. 먹성이 좋아 뱀도 잡아먹는다는 황소개구리 울음소리. 그 소리가 얼마나 크고 괴기스러운지 온몸이 섬뜩합니다. 먼 이국땅까지 흘러 들어와 외래종이란 딱지를 달고 구박받으며 살아가는 게 얼마나 서러웠으면 저리도 목놓아 울까? 생각하니 맘이 좀 짠합니다. 원래 황소개구리는 우리나라에는 없었는데, 1970년대 식용 목적으로 들여왔지만 별다른 소득이 없자 일부 몰지각한 사람들이 그냥 자연에 무단으로 버려 버렸습니다. 천적이 없던 황소개구리는 우리 토종 물고기뿐만 아니라 개구리, 가재, 심지어 뱀까지도 잡아먹어 생태계를 교란시킨 '몹쓸' 개구리로 낙인 찍혔지요. 사정은 배스나 블루기 같은 물고기와 붉은귀거북도 마찬가지입니다.

유리알락하늘소와 속이 같은 알락하늘소

 거꾸로 우리나라와 중국에서 사는 유리알락하늘소가 미국에 나타나 몹쓸 곤충이라고 구박받는 신세가 된 경우도 있습니다. 유리알락하늘소는 이름처럼 예쁩니다. 온몸은 바닷물처럼 푸른색인데, 매끈한 딱지날개에는 하얀 물방울무늬가 알록달록 찍혀 있습니다. 제 키보다 더 긴 더듬이가 꼬물꼬물 움직이기라도 하면 마치 바닷물에 낚싯대를 드리우는 것 같습니다. 얼굴을

알락하늘소

앞에서 보면 마치 소머리 같아 하늘을 나는 소, 하늘소라 부릅니다.

녀석은 한때 가로수로 심었던 포플러와 버드나무를 굉장히 좋아합니다. 그러다 보니 숲속보다는 사람들이 사는 마을 주변에서 자주 만납니다. 또한 나라 밖으로는 오로지 동북아시아인 한국, 중국과 일본에서만 살아 유럽, 아프리카나 아메리카 등에서는 눈 씻고 보려고 해도 볼 수 없는 귀한 곤충입니다.

그런데 동북아시아에서만 사는 유리알락하늘소가 태평양 건너편의 미국에 불현듯 나타났습니다. 훤칠하고 잘생긴 녀석들은 어쩌다 그 먼 태평양을 건너 미국에 밀입국해 들어가 온갖 구박과 천대를 받는 걸까요? 사람이야 다른 나라에 들어가려면 여권과 비자가 필요하지만 곤충들에겐 비자 같은 게 없습니다. 어느 나라든 갈 수만 있다면 비자 없이 밀입국을 해서 힘닿는 데까지 노력해 안착하는 땅이 바로 제 집입니다.

녀석들이 미국에 밀입국한 것은 순전히 중국의 실수 때문이었지요. 화물을 운반할 때 쓰는 포장재인 큰 나무 박스가 주범이었습니다. 이 나무 박스를 만들 때 반드시 소독을 해야 하는데, 그렇게 하려면 비용이 많이 드니까 중국에서 가공을 하지 않고 그대로 사용을 한 탓입니다. 안타깝게도 가공하지 않은 나무속에는 종종 유리알락하늘소의 알, 애벌레, 번데기가 들어 있습니다. 실제로 미국의 17개 항구에서 포장 박스를 검역해 보니 그 속에 유리알락하늘소의 알, 애벌레와 번데기들이 숨어 있었습니다.

비행기와 배를 타고 미국 땅에 상륙한 유리알락하늘소는 우여곡절을 겪으면서 살아남았는데, 1996년에 처음 발견된 곳은 미국의 중심지 뉴욕과 롱아일랜드였습니다. 그 후 1998년에는 시카고에서 사람들의 눈에 띄기 시작했습니다. 그러니 뉴욕시의 유명한 도심 공원인 센트럴파크와 시카고의 링컨파크의 나무들이 죽어 간다고 난리가 났습니다. 전문가들이 만일 도심 공원에서 숲으로 퍼져 나가기라도 한다면 경제적인 피해가 눈덩이처럼 불어 약 10억 달러에 이를 것이라고 분석할 정도로 온 관심이 아시아 출신의 유리알락하늘소에 쏠렸습니다. 그때부터 졸지에 불법 체류자가 된 유리알락하늘소의 잔혹한 비극의 역사가 시작되었습니다.

얄밉게도 유리알락하늘소는 꼭 살아 있는 나무에서만 세 들어 삽니다. 죽은 나무에서만 살았어도 그리 악당 취급받지는 않았을 텐데 말입니다. 녀석들은 미국의 도심 공원의 나무나 가로수에 딱 달라붙어 알을 낳는데, 알에서 깨어난 애벌레는 싱싱한 나무속을 파먹고 삽니다. 그러니 나무의 영양분과 물을 나르는 나무의 통로를 망가뜨려 멀쩡히 자라던 나무는 죽어 갑니다. 특히 도심에 많이 심은 단풍나무, 포플러, 자작나무 등을 집중적으로 공격하니 미국 사람들의 눈엣가시가 되었지요. 그러니 미국 사람들은 빈대 잡으려고 초가삼간 다 태운다고 녀석들이 사는 나무란 나무는 죄다 베어 태웠습니다. 화마에 휩쓸린 녀석들은 영문도 모른 채 '나무 관' 속에서 불에 타 죽어 갔습니다. 결국 유리알락하늘소 때문에 세계에선 식물 검역에 대한 엄격한 법을 만들었는데, 이 법에 따라 모든 포장재는 열처리를 해야 하고 벌레가 발견되면 즉시 태워야 합니다.

하지만 유리알락하늘소는 우리나라에서는 아직까진 잘 살아가고 있습니다. 다행히 우리나라에선 녀석이 보기만 해도 벌벌 떠는 새, 개구리, 기생벌 같은 천적이 있어 녀석의 개체수를 적당히 조절해 주기 때문이지요.

곤충에겐 '타향도 정이 들면 고향'이라는 유행가 가사가 통하지 않습니다. 외래종이 타향에서 자리잡고 정들기 위해선 토종과 격렬한 경쟁을 벌여야 하거든요. 대부분 외래종이 토종의 씨를 말려 버리기 때문에 사람들은 외래종만 봤다 하면 물불 가리지 않고 죽입니다. 비행기, 배, 인터넷 등을 이용하면서 세상은 점점 더 좁아져 하나가 되어 가고 있습니다. 그 덕에 어느 한곳에 살던 곤충이 어느덧 지구 반대편까지 들어가 심각한 '해충'이 되는 일이 허다합니다. 결국 유리알락하늘소 때문에 세계에선 식물 검역에 대한 법을 만들어 수입 무역품을 엄격하게 관리하고 감시합니다. 특히 우리나라에도 유리알락하늘소가 산다는 이유만으로 그 불똥이 튀어 무역 거래에 불이익을 받았지요. 이제는 자그맣고 하찮다고 대접받는 곤충이 국가 간의 무역에까지 영향을 미치는 시대가 되었습니다.♣

4. 신사임당의 〈초충도〉 속
곤충들

 어제는 매달 초하룻날에 만나는 '월단회' 모임에 다녀왔습니다. 해가 바뀌어 새로운 해를 맞아 그간 모시고 가르침을 주셨던 멘토들께 큰절로 세배를 올리고 덕담도 들었습니다. 마침 오천 원, 오만 원짜리 화폐의 그림을 그리신 이종상 화백께서 악수를 하시면서 "돈 그리는 사람과 옷깃만 스쳐도 부자가 된다는데, 내 손을 만져 보았으니 아마 못되어도 삼대는 부자가 될 거요."라고 덕담까지 건네시니 분위기는 더욱 화기애애했지요. 그러고 보니 이 화백께서는 서른 중반에는 오천 원권에 율곡 이이를 그렸고, 일흔 넘어서는 오만 원권에 신사임당을 그렸군요. 어머니와 아들이 그의 손에서 해후하였으니 이보다 더 좋은 일이 또 있을까요?
 혹시 악수한 손으로 돈을 만지면 정말 부자 될 것 같아서 슬그머니 지갑에서 오천 원짜리와 오만 원짜리 돈을 꺼내 만지작거립니다. 앞뒤로 요모조모 들여다보는데, 글쎄 오천 원짜리 앞면엔 율곡 선생이 있는데, 뒷면엔 벌레가 다 있네요. 세상에! 사람들이 떠받드는 돈에 대부분 하찮게 생각하는 '벌러지'가 들어있다니요! 자세히 보니 나비와 여치 외에도 수박, 닭의장풀, 나팔꽃이 있네요. 그리고 보니 신사임당의 〈초충도〉에 나온 벌레와 풀들이군요. 〈초충도〉 8폭 중 3개의 그림에서 한 부분씩 따다가 그려 넣어서인지 새로운 맛이 납니다.

신사임당이 그린 〈초충도〉는 모두 8폭으로 주로 우리 곁에서 사는 풀, 꽃 그리고 그 주변에서 자주 놀러오는 작은 곤충들을 정겹고 아름답게 그린 그림입니다. 더구나 그 꽃과 곤충들은 우리나라에서 사는 토종들이라 더 친근합니다. 가지, 딸기, 맨드라미, 수박, 닭의장풀, 양귀비, 패랭이꽃, 나팔꽃, 여뀌, 개미, 꿀벌, 쇠똥구리, 하늘소, 잠자리, 사마귀, 나비, 여치, 귀뚜라미, 매미, 개구리, 들쥐 등등. 〈초충도〉에 등장한 곤충과 풀을 하나하나 꼽으니 맘은 벌써 500년 전 신사임당이 율곡을 키웠던 시절로 되돌아가 있습니다. 그때 그 시절을 상상하며 그림을 꼼꼼히 살펴봅니다.

첫 번째 폭: 가지, 딸기, 방아깨비, 개미, 꿀벌, 나비

두 번째 폭: 맨드라미, 개미취, 쇠똥구리

세 번째 폭: 나팔꽃, 여뀌, 사마귀, 물잠자리

네 번째 폭: 수박, 패랭이꽃, 들쥐, 나비

다섯 번째 폭: 양귀비, 닭의장풀, 패랭이꽃, 도마뱀, 하늘소, 나비

여섯 번째 폭: 원추리, 개구리, 매미, 나비, 박각시

일곱 번째 폭: 오이, 귀뚜라미, 개구리, 나비

신사임당 〈초충도 병풍〉(국립중앙박물관 소장)

여덟 번째 폭: 황촉규(닥풀), 도라지, 개구리, 여치, 나비, 고추잠자리

과연 사임당은 조선 시대 최고의 여류 화가답게 집 뜰 안에서 흔히 볼 수 있는 풀과 벌레 등을 사실감 있게 그렸습니다. 그림 곳곳에서 자연을 사랑하는 깊고 순수한 애정이 짙게 배어 나옵니다. 오죽하면 숙종이 이 〈초충도〉의 소문을 듣고 궁으로 그림을 가져오게 했을까요? 그림을 감상하고 직접 그림첩에 다음과 같은 시까지 써 줬으니 그 진가는 말로는 다 할 수 없습니다.

방아벌레 애벌레, 맨드라미, 나팔꽃, 개여뀌

긴날개중베짱이와 무궁화, 패랭이와 여덟무늬알락나방, 닭의장풀, 원추리와 네발나비

금개구리, 유지매미, 주홍박각시, 왕귀뚜라미

    풀이여 벌레여 모양도 같을씨고

    부인이 그려낸 것 어찌 그리 묘하온고

    그 그림 모사하여 대궐 안에 병풍쳤네.

    아까울쏜 빠진 한 폭 모사 한 장 더 하놋가

    채색만을 쓴 것이라 한결 더 아름다워

    그 무슨 법일런고 무골법이 그것이래.

       - 숙종(41년 1716년, 〈열성어진〉)

무엇보다도 이 그림 속에는 훈훈한 덕담을 건네는 숨은 상징적인 이야기가 들어 있습니다. 물론 그림을 그릴 당시 사임당이 풀과 동물에 모든 의미를 두고 그린 것은 아니겠지만 그림 속에는 훈훈한 덕담이 담긴 이야기가 들어 있는 것 같습니다.

덩굴째 그린 오이, 수박과 딸기는 자손만대에 이르도록 덩굴처럼 쭉쭉 뻗어나가란 축복의 뜻이 담겨 있고, 씨앗이 그려진 여뀌와 수박도 역시 자손만대에 이르도록 번성하라는 축원이 담겨 있고, 닭벼슬 같은 맨드라미(계관화라고도 부름) 꽃을 그려 벼슬이 높아지길 기원하였습니다. 독한 닭똥 밭에서 자라는 닭의장풀을 그려 넣어 어떤 어려움도 강인하게 잘 견뎌 내라고 염원을 한 것 같습니다. 또한 알을 많이 낳는 귀뚜라미, 여치, 꿀벌, 개미와 사마귀 같은 곤충들을 등장시킨 것은 자손이 크게 번성하라는 메시지를 주기 위해서인 것 같고, 개구리를 그려 넣은 것은 올챙이 시절을 생각해 겸손할 것을 당부하려는 의도였던 것으로 생각됩니다.

뭐니 뭐니 해도 〈초충도〉 하면 빠질 수 없는 게 나비지요. 나비는 대부분의 그림마다 어김없이 날아듭니다. 예로부터 그림 속의 나비와 고양이는 '오래오래 사시라'란 장수를 상징합니다. 비록 신사임당의 〈초충도〉에선 고양이가 빠졌지만 예로부터 고양이와 나비는 늘 함께 그림에 등장했는데, 그림 속의 고양이와 나비는 둘 다 장수한 노인을 상징합니다. 고양이를 한자로 묘(猫)라 하는데, 묘는 70세 노인을 뜻하는 '모(耄)' 자와 중국발음('마오')이 같습니다. 나비 또한 한자로 접(蝶)이라 하는데, 접은 80세 노인을 뜻하는 한자 '질(耋)' 자와 중국발음('디에')이 같습니다. 결국 70세의 고양이가 80세의 나비를 보고 있으니 오래 살기를 얼마나 축원하는지 알 수 있지요.

나른하고 한가로운 여름날 정경을 떠올리는 정감 있는 〈초충도〉 그림을 보고 있자니 마음은 500년 전 신사임당이 살았던 강릉 집에 가 있습니다. 500년 전 강릉집 안 뜰에 살았던 곤충들이 지금도 우리 곁에 남아 있으니 얼마나 감사하고 고마운지 모릅니다. 아쉽게도 소똥을 굴리는 쇠똥구리는 이제 사라져 얼굴 보기 힘들지만 나머지 곤충들은 아직도 건재하니 감회가 새롭습니다. 앞으로 500년 후에도 신사임당의 강릉 집에 살았던 곤충들이 우리 곁, 아니 이 땅에서 건강하게 살아 있을까요? 꼭 그러길 간절히 기도합니다.

9장_
곤충은 미래의 밥상이자 자원

1. 불구덩이 속으로 뛰어드는
침엽수비단벌레

 포근한 봄기운과 함께 건조한 날씨가 계속되면서 크고 작은 산불이 빈발하고 있다는 소식이 들립니다. 텔레비전 뉴스를 보니 골짜기가 짙은 연기로 뒤덮여 있고 거대한 불꽃은 산속의 모든 것을 집어삼킵니다. 바삐 날아다니는 소방 헬기를 비웃기라도 하듯 산을 휩싸고 있는 화마가 걷잡을 수 없이 번집니다. 산밑에 사는 사람들은 놀란 가슴을 안고 황급히 안전한 곳으로 피신했지만 속수무책으로 번지는 거대한 산불을 보며 맘만 동동거립니다.

 불이 나면 대부분의 동물들은 '걸음아 나 살려라!' 필사적으로 도망칩니다. 하지만 불만 났다 하면 너무 좋아 그 불구덩이 속으로 뛰어 들어가는 곤충이 있습니다. 그 겁 없는 녀석은 바로 침엽수비단벌레입니다. 해괴한 행동을 하는 침엽수비단벌레는 족보상 딱정벌레목 가문의 비단벌레과 집안 식구입니다. 신라 시대 황남대총에서 발견된 화려한 비단벌레의 사촌쯤 되지만 생긴 건 불에 그을린 것처럼 거무칙칙합니다. 부모 비단벌레는 열흘도 못 되는 짧은 생을 살다 죽지만 새끼 비단벌레는 일 년도 넘게 오래오래 삽니다. 새끼들은 평생을 나무속에서 나무를 파먹고 삽니다.

도대체 무엇 때문에 침엽수비단벌레는 겁도 없이 화마가 휩쓸어 버린 산을 찾아갈까? 결혼하고 알을 낳기 위해서입니다. 산불이 나기 무섭게 침엽수비단벌레는 타는 나무에서 나는 연기 냄새를 기막히게 맡고 불에 시커멓게 타 버린 나무를 찾아 쌩쌩 날아듭니다. 하나, 둘, 셋…… 순식간에 수십, 수백 아니 수천 마리가 날아와 불에 탄 나무의 껍질에 모여 앉습니다. 서둘러 녀석들은 맘에 드는 짝을 찾아 짝짓기를 하느라 정신이 없습니다. 수명이 짧아 단 며칠밖에 못 사는 팔자라 서둘러 결혼하지 않으면 총각귀신, 처녀귀신이 될지도 모르기 때문입니다. 짝짓기를 마친 아빠는 금방 죽고 엄마는 알을 낳고 죽습니다. 놀랍게도 엄마 침엽수비단벌레는 시커멓게 타 버린 나무를 타고 올라갑니다. 오르락내리락하며 명당을 찾은 뒤 배 꽁무니를 탄 나무에 대고선 나무속에다 알을 낳습니다.

며칠 후 알에서 깨어난 새끼는 나무속으로 파고 들어가며 나무를 먹고 삽니다. 다행히 나무속은 안전하고 먹을 게 많습니다. 불길이 나무의 겉만 태워 버렸지 다행히 나무속은 태우지 않았기 때문이지요. 새끼들은 폐허가 되어 아무도 못 살 것 같은 시커먼 나무숲에서 어른이 될 때까지 일 년 넘게 삽니다.

죽음을 무릅 쓰고 연기와 열이 풀풀 나는 시커먼 나무에 사는 이유는 단 하나. 그곳엔 경쟁자가 없기 때문입니다. 이미 천적이나 먹이 경쟁자들은 불에 탄 숲에서 도망치거나 불에 타 죽었기 때문에 뜨거운 열과 연기만 극복

침엽수비단벌레 유사종들 1.흰점비단벌레 2.육점박이배나무비단벌레 3.황녹호리비단벌레

하면 최고의 서식지입니다. 그래도 그렇지 매캐한 연기와 뜨거운 열을 이겨 내고 가문을 일으킨다는 건 어려운 일입니다. 그래서 개척자의 길은 힘들고 외롭습니다.

그렇다 보니 부모 침엽수비단벌레는 죽을힘을 다해 산불 난 곳을 찾아다닙니다. 심지어 10킬로미터 이상 떨어진 곳에서도 700도에서 1,000도에 이르는 산불을 찾아옵니다. 1센티미터 남짓한 녀석이 무슨 수로 그 먼 곳의 산불을 감지할까요? 일등공신은 가운뎃다리 옆에 붙어 있는 고도로 민감한 적외선 센서입니다. 이 감각기는 피트 기관이라고 부르는데, 이곳에는 적외선을 감지할 수 있는 수용체들이 가득 차 있어 적외선을 기막히게 감지합니다. 비록 살모사의 예민한 열 감지 능력까지는 못 따라가더라도 이 적외선 센서에는 웬만한 산불의 열이 걸려듭니다. 이렇게 신비한 감각기는 1960년 캐나다 곤충학자인 윌리엄 G. 에반스William George Evans가 알아냈습니다. 그는 한 식당에 앉아 있다가 우연히 흰색 탁자보 위에 앉은 반짝이는 비단벌레를 보고서 연구의 영감을 얻었으니 중요한 역사는 소소한 일상에서 일어납니다.

물론 침엽수비단벌레가 산불을 감지하는 데 더듬이도 한몫합니다. 더듬이는 성능이 좋아 약한 바람만 불어도 1킬로미터 이상 떨어진 곳에 난 산불을 알아차린다 하니 몸 자체가 산불 찾기에 딱 맞게 만들어진 것 같습니다.

재밌게도 녀석은 사람들이 개발한 열에는 대꾸를 하지 않습니다. 산업 사회의 열도 산불 못지않은데 말이지요. 그건 녀석의 더듬이가 매우 예민해 불에 타는 소나무에서 나는 연기 냄새를 감지할 수 있기 때문입니다. 이쯤이면 침엽수비단벌레는 똥오줌 다 가릴 줄 아는 명석한 벌레임에 틀림없습니다. 무심코 지나치는 작은 벌레가 이처럼 놀라운 능력을 가지고 있다니 놀라울 뿐입니다.

사정이 이렇다 보니 사람들은 침엽수비단벌레의 예민한 코와 적외선 센서를 이용해 산불 조기 경보 시스템을 만들까 고민하고 있습니다. 만일 차세대 적외선 감각기가 잘만 만들어지면 산불을 미리 막을 수도 있어 군사 작전에도 활용할 수 있다니 그 결과가 몹시 기대됩니다.

살다 보면 위기와 기회가 동전의 양면처럼 맞붙어 다가올 때가 종종 있습니다. 위기는 기회의 또 다른 모습. 죽음을 불사하고 불구덩이로 뛰어드는 침엽수비단벌레를 보니 문득 젊었을 적 수첩에 적어 놓았던 토머스 칼라일 Thomas Carlyle 의 말이 생각납니다.

길을 가다 돌이 나타나면
약자는 걸림돌이라 말하고
강자는 디딤돌이라 말한다♣

2. 잘 쓰면 약, 못 쓰면 독
가뢰

한때 붐이 일었던 '아침형 인간'과 꼭 같이 따라다니는 말이 있었지요. "일찍 일어나는 새가 벌레를 잡는다." 아프리카의 마다가스카르 지방에도 부지런해야 성공한다는 속담이 있습니다. "일찍 일어나는 사람이 메뚜기를 잡는다." 메뚜기는 변온 동물이라서 온도가 내려가는 아침이라야 많이 잡을 수 있다는 말이지요. 아마 그 지역 사람들도 메뚜기를 먹고 살았나 봅니다. 우리나라 사람들에게도 메뚜기나 누에 번데기는 친숙한 간식거리였습니다. 2050년이 되면 인구가 90억 명이나 된다는데(미국 인구조사국 자료), 이들을 먹여 살리려면 지금보다 식량 생산이 곱절로 늘어나야 합니다. 지금도 10억 명이 배고픔에 시달리고 사는데…… 이제 벌레 먹기는 차츰 세계적 관심사로 떠올라 어쩌면 머지않아 벌레 먹는 시대가 올지도 모릅니다.

한술 더 떠서 곤충은 오랫동안 사람들의 병을 치료하는 데 사용해 왔습니다. '약용 곤충'이지요. 뭐니 뭐니 해도 약으로 사용한 곤충 하면 '가뢰'

입니다. 피부에 닿기만 해도 부풀어올라 진물이 나게 하는 곤충이라서 함부로 잡아먹었다간 큰코다칠 수도 있습니다. 그럼에도 불구하고 특이한 약효 때문에 가뢰는 의약의 아버지인 '히포크라테스' 시대부터 지금까지 동서양을 막론하고 사람들에게 인기가 최고로 많은 스타 약용 곤충입니다. 특히 정력에 좋다더라 소문이 파다하니 말 다했지요. 역사적으로 거슬러 올라가 보면 가뢰는 우리나라뿐만 아니라 중국을 비롯한 동양권과 서양의 로마 시대에 이르기까지 오랫동안 약으로 썼습니다. 지금도 한의학에서 사용할 뿐만 아니라 미국에서도 몸에 난 사마귀를 제거하는 데 가뢰의 성분이 처방되기도 합니다.

가뢰는 딱정벌레목 집안 식구입니다. 지구에 사는 가뢰들은 약 7,500종이나 되는데, 우리나라에는 16종 정도 삽니다. 그 가운데 흔히 볼 수 있는 녀석은 짙은 남빛을 띤 남가뢰. 녀석은 짙은 남빛 옷을 입고 이른봄 풀밭에 짠 하고 등장합니다. 요상하게 생긴 녀석은 곰보처럼 거친 피부에 배는 남산만큼 불러 보면 볼수록 외계인 같습니다. 희한한 건 날개. 딱지날개(겉날개)는 얼마나 짧은지 배꼽티를 입은 것처럼 배를 다 못 덮어 배의 절반이 다 보입니다. 뒷날개는 아예 없어져 퇴화되었으니 날 수가 없어 늘 땅바닥을 기어 다닙니다.

녀석은 생긴 것도 기이하지만 입맛도 별나 독풀만 골라 먹습니다. 쓰디쓴 쑥 잎, 독성 많기로 소문난 박새 잎, 꿩의바람꽃 잎, 심지어 얼레지 잎사귀까지 먹습니다. 어떤 때는 밭에 들어와 파, 콩, 가지, 고구마 같은 농작물도 먹어 치웁니다. 하지만 아무리 독 품은 풀을 많이 먹어도 녀석은 조상 대

1. 쑥 잎 먹는 남가뢰 2. 애남가뢰 3. 황가뢰

대로 진화 과정을 거치면서 독 물질에 내성이 생겼기 때문에 멀쩡합니다.

마침 녀석이 뒤뚱뒤뚱 걸어옵니다. 손끝으로 잡아 보니 소문대로 '피'를 흘리는군요. 다리 마디마디의 관절에서 노란 피가 스며 나와 방울방울 이슬처럼 맺힙니다. 노란 피는 남가뢰가 자랑하는 '남가뢰표 독 물질'입니다. 독 물질의 성분은 사람들에게 인기가 많은 칸타리딘인데, 맹독성이라 잘못 먹었다간 토하고 죽을 수 있습니다.

칸타리딘 독이 피부에 닿으면 처음엔 아무렇지도 않지만 시간이 가면서 점점 피부가 불이 난 것처럼 화끈화끈합니다. 그러다 이내 피부가 부풀어오르면서 물집이 생기고 급기야는 물집이 터지고 물집이 터진 자리엔 염증이 생겨 곪아 썩어 갑니다. 그래서 오래전부터 서양에서는 피부에 난 사마귀를 없앨 때 가뢰의 몸에서 뽑아낸 피(체액)를 발랐습니다.

특히 사람들은 칸타리딘에 열광하는데, 서아시아에서는 가뢰의 노란 피를 최음제로 사용했다고 전해집니다. 칸타리딘 독 물질은 혈관을 확장해 주는 묘기를 가지고 있어 요도가 자극되면서 의도하지 않았는데도 저절로 발기 상태가 오랫동안 지속됩니다. 살아 있는 '비아그라'인 셈이지요. 그러다 보니 웃지 못할 에피소드가 전해 옵니다. 2차 세계대전 중에 북아프리카에 주둔한 프랑스 군인들이 개구리를 잡아먹고 나서 페니스가 강철처럼 발기되는 바람에 혼쭐이 난 일이 있습니다. 무엇 때문에 망측한 일이 생겼는지 조사하던 끝에 군의관들은 군인들이 잡아먹었던 개구리를 해부하기에 이르렀지요. 과연 개구리의 위장에서는 소화되다 만 가뢰의 찌꺼기가 나왔습니다. 그러니 그 사건의 주범은 바로 가뢰, 더 정확히 말하면 가뢰가 품은 칸타리딘 독 물질이었습니다.

한의학에는 가뢰를 '반묘'라 부르는데, 가뢰의 사용법과 약효는 이미 조선 시대의 〈향약집성방〉이나 〈동의보감〉에 자세히 쓰여 있습니다. 가뢰의 독 물질은 특히 비뇨기계에 예민하게 자극을 주기 때문에 가뢰는 옴, 버짐, 부스럼, 악성 종기, 최음제나 성병(매독) 치료제로 인기가 높았습니다. 하지만 옛 사람들은 가뢰의 독성이 강해 잘못 먹었다간 큰 봉변을 당할 수도 있다는 걸 알았기 때문에 여러 공정 과정을 거쳐 약으로 만들었습니다. 머리, 날개, 발은 떼어 버리고 나머지 부분만 찹쌀과 함께 달달 오랫동안 볶아 독 물질이 찹쌀가루에 배게 했습니다. 그런 뒤 곱게 빻아서 가루만 아주 조금씩 먹었으니 독을 약으로 바꾼 것이지요. 정력에 좋다면 아무것이나 먹어 치우는 요즘 가뢰를 보니 '잘 쓰면 약, 못 쓰면 독'이란 말이 불현듯 떠오르는 이유는 무엇일까요?🌱

3. 돌을 번쩍 드는
털두꺼비하늘소

치솟던 금값이 떨어지는 기미를 보이자 금을 사려는 투자자들이 몰리는 모양입니다. 저녁 뉴스에 황금사기가 극성을 부린다는 보도가 나옵니다. 글쎄, 금두꺼비 배를 갈라 보니 배속에 납덩이가 가득했다는군요. 금은방에서 파는 평범한 금두꺼비 안에 납을 절반씩이나 채워 넣어 황금 무게를 늘린 것이지요. 즉 10돈짜리 금두꺼비가 20돈짜리 납두꺼비로 둔갑했으니 금두꺼비를 산 사람은 하마터면 눈 뜨고 코 벨 뻔했습니다.

금두꺼비는 재물과 행운을 상징합니다. 눈 한 번 깜박이지 않고 가만히 있다가 파리가 나타나면 낚아채는 두꺼비는 재물의 화신으로 대우받았지요. 심지어 두꺼비 꿈을 꾸면 재물과 행운이 굴러온다고 하니 두꺼비의 주가는 하늘을 찌릅니다. 대기업의 모 회장의 관상이 대표적인 두꺼비상이라니 정말 두꺼비는 재물을 몰고 다니나 봅니다.

하지만 두꺼비를 똑 닮은 곤충은 영웅 취급 받은 두꺼비와는 정반대의 삶

털두꺼비하늘소

을 살고 있습니다. 그 주인공은 털두꺼비하늘소입니다. 몸색깔도 칙칙하고 피부는 여드름이 난 것처럼 오톨도톨하고 행동도 굼뜬 게 영락없는 '두꺼비'입니다. 등에 검은 털이 뭉텅이로 나서 털두꺼비하늘소란 이름이 붙었지만 인기 많은 두꺼비와는 달리 천덕꾸러기 취급을 받습니다. 그 이유는 녀석이 표고 농사를 망치기 때문입니다.

털두꺼비하늘소의 팔자는 그리 순탄한 것은 아닙니다. 어른벌레는 추운 겨울 내내 아무 것도 먹지 못하고 차가운 나무껍질이나 낙엽 속에서 잠만 자다가 봄이 되면 꾸역꾸역 나와 알 낳으며 짧은 삶을 살다 죽습니다.

4월 말 죽은 신갈나무가 서 있는 표고 농장에 털두꺼비하늘소가 찾아옵니다. 날씨만 좋으면 초대도 안 했는데, 불쑥불쑥 나타납니다. 얼마나 많이 오는지 누가 표고 농장의 주인이고 누가 나그네인지 분간이 안 갑니다. 이미 참나무엔 표고 '씨앗(종균)'을 심어 놓은 터라 녀석들이 참나무 표고 목을 망치지나 않을까 노심초사합니다. 나무가 상하면 표고가 자라지 못하기 때문에 농부의 입장에선 녀석들만 나타났다 하면 여간 신경이 곤두서는 게 아닙니다.

그걸 아는지 모르는지 순진한 털두꺼비하늘소는 신갈나무 위를 활보합니다. 긴 더듬이를 건들건들 저으며 걷는 폼이 꼭 카사노바 같습니다. 얼굴을 보니 영락없는 '송아지' 머리입니다. 뿔만 없지 완전히 소하고 닮아 녀석을 하늘소 또는 천우^{天牛}라고 부릅니다. '하늘을 나는 소!' 이 멋진 이름을 가진 녀석은 힘이 장사입니다. 팔 힘이 얼마나 센지 역도의 여왕인 장미란 선수 뺨칠 정도입니다. 성큼성큼 걸어 다니는 녀석을 손으로 조심스럽게 붙잡은 뒤 돌멩이 하나를 녀석에게 안겨 줍니다. 그랬더니 여섯 다리로 돌멩이를 번쩍 듭니다. 이번에는 녀석의 몸무게보다 더 무거운 돌멩이를 안겨 줬더니 '으랏차차' 하며 들어올립니다. 이쯤이면 곤충계의 천하장사입니다. 녀석이 천하장사 역도 선수가 되는 데는 발가락(정식 용어는 발목마디)이 일등공신입니다. 특이하게 녀석의 발가락은 까슬까슬한 털이 많은 데다 발톱까지 날카로워 한 번 잡은 물건은 놓치질 않습니다. 발가락이 닳았다는 소리는 들

털두꺼비하늘소

었어도 발가락 힘으로 천하장사가 된다는 말은 처음 듣습니다.

  한참 동안 힘자랑하던 녀석이 바로 옆에서 어슬렁거리는 암컷에게 필이 꽂혔습니다. 다짜고짜로 암컷 등 위에 올라탑니다. 암컷은 싫다고 뒷다리로 수컷을 차 버립니다. 그래도 수컷은 집요하게 암컷에게 구애를 합니다. 열 번 찍어 안 넘어가는 나무 없다고 드디어 암컷이 수컷의 열렬한 프러포즈를 받아들입니다. 신갈나무 토막에서 사랑을 나누는 털두꺼비하늘소 부부. 달콤한 시간도 잠시 웬 다른 수컷이 나타나 사랑에 빠진 신혼부부를 방해합니

1.두꺼비 2.털두꺼비하늘소 짝짓기

다. 신랑 등 위에 올라가 신랑의 멱살을 잡으며 시비를 겁니다. 이에 질세라 신랑도 뒷발길질로 훼방꾼 수컷을 찹니다. 잠시 수컷끼리 난투극이 벌어지고 예상대로 신랑이 승리합니다. 자신감이 붙은 신랑은 보란 듯이 신부를 꼭 안은 채 사랑을 속삭입니다.

짝짓기를 마친 신랑은 죽고 신부는 신갈나무 껍질을 일일이 주둥이로 뜯어 홈집을 낸 뒤 그 속에다 알을 정성껏 낳습니다. 문제는 이때부터입니다. 알에서 깨어난 아기 하늘소가 농부가 죽어라 표고 종균을 접종한 신갈나무를 먹고 자랍니다. 그것도 거의 일 년 정도 나무속을 먹고 사니 표고 종균은 피어나지도 못하고 죽어 버립니다. 그러니 털두꺼비하늘소를 봤다 하면 표고 농사를 망친다고 보는 족족 잡아죽입니다. 그래도 생명력이 질긴 털두꺼비하늘소는 왕성한 번식력을 자랑하면 가문을 이어 나갑니다. 하기야 원래 죽은 신갈나무는 녀석들의 밥이었는데, 사람들이 맛있는 반찬인 표고를 대량으로 키우겠다고 신갈나무에 끼어든 것이지요. 털두꺼비하늘소 입장에서 보면 억울하다며 분통을 터뜨릴 노릇입니다.

하지만 숲 바닥에는 표고 재목대 말고도 털두꺼비하늘소의 밥이 널려 있습니다. "털두꺼비하늘소들이여! 제발 표고 재목에 몰려오지 말고 숲 바닥에 쓰러져 있는 죽은 나무를 찾아가렴. 그게 너희들도 살고 농민들도 살리는 길이란다." 뇌라곤 좁쌀만 한 녀석들이 그걸 알아듣기나 하려는지. 차라리 머리 좋은 사람들이 다른 대책을 강구하는 게 나을 듯합니다.

두꺼비가 은혜 갚는 것으로 유명해진 것처럼 털두꺼비하늘소도 나름 사람에게 은혜를 갚습니다. 표고 농사를 망치긴 하지만 때로는 소를 먹여 살리기도 합니다. 나무를 먹는 털두꺼비하늘소의 내장에는 섬유질을 분해하는 효소가 있습니다. 이 효소는 벌레보다 훨씬 고등 동물인 사람에게 없을 뿐더러 웬만한 동물에게도 이 효소가 없습니다. 하지만 국내 연구진은 지난 2008년부터 털두꺼비하늘소의 몸에서 섬유질을 분해하는 효소를 뽑아냈습니다. 그 효소를 이용해 나무, 쌀겨와 콩 껍질 등을 쉽게 분해시키는 효소 제품을 개발했습니다. 당시 소나 염소 등 가축에게 먹일 사료용 곡물 값이 하늘 높은 줄 모르고 치솟을 때라 녀석의 몸에서 뽑아낸 효소의 진가는 굉장했습니다. 소나 돼지가 잘 소화하지 못했던 곡물 껍질을 이 효소로 분해시킨 뒤 먹이로 주면 소화도 잘 되고 무엇보다 사료 값을 줄일 수 있어 좋습니다. 이쯤이면 털두꺼비하늘소에게 붙은 해충이란 딱지를 떼어 낼 때가 된 것 같습니다.

4. 돈 버는 재주꾼
굼벵이

    어제는 큰맘 먹고 한참 전에 개봉했던 영화 〈설국열차〉를 '다시보기'를 통해 보았습니다. 과연 소문대로 바퀴 영양갱이 등장합니다. 다 멸망하고 눈 속을 하염없이 달리는 기차인데도 앞칸에는 잘사는 사람들이 타고 맨 꼬리 칸에는 못사는 사람이 탑니다. 사람 차별하는 것도 모자라 먹는 음식도 차별을 해 앞칸 사람들은 생선회 같은 고급 음식을 먹고 꼬리 칸 사람들은 바퀴로 만든 영양갱을 먹는군요. 영양가로 치면 바퀴가 생선보다 단백질을 더 많이 가지고 있는데, 앞칸 사람들이 그걸 알기나 할까요?
    곤충을 먹는 무용담은 비단 영화 속 얘기만이 아닙니다. 미국 뉴욕에서는 쇠고기 대신 귀뚜라미를 넣어 만든 '곤충 버거'가 선을 보였는데, 폭발적인 인기를 얻고 있다고 합니다. 영국의 한 인터넷 상점에선 개미를 잔뜩 넣어 만든 개미 막대사탕이 8천 원에, 오븐에 구운 거대한 타란툴라 거미 요리가 3만 원에 팔린다니 요지경 속입니다. 우리나라에서도 예전부터

메뚜기는 물론이고 초가지붕에서 사는 굼벵이를 구워 먹어 왔던 걸 보면 남의 나라 말이 아닙니다.

예전 아버지께서는 마을 어른들과 함께 추수가 끝나고 추

초가지붕

워지는 겨울이 오긴 전 초가지붕의 볏짚을 갈았습니다. 썩은 볏짚을 걷어 낼 때마다 헌 지붕 속에 있던 엄지손가락만 한 굼벵이가 지붕 아래로 뚝뚝 떨어졌지요. 그러면 어른들은 그 굼벵이를 집어 들어 산 채로 입에 넣고 꿀꺽 삼키셨습니다. 볏짚만 먹고 자라 몸에 좋고 생고구마 맛이 난다며 맛있게 먹는 모습을 보고 어린 마음에 얼마나 공포스럽고 식겁했던지! 생각만 해도 온몸이 오그라듭니다.

지금이야 아파트다 기와집이다 유럽식 주택이다 해서 초가집이 사라진 지 오래지만 예전엔 초가집 지붕만 있으면 굼벵이(딱정벌레목 풍뎅이류의 애벌레를 모두 일컫는 말)들이 알콩달콩 살았습니다. 그 당시 초가집 지붕에 살았던 굼벵이는 '흰점박이꽃무지'의 애벌레입니다. 초가집에서 살던 그 시절에 우리는 자나깨나 늘 굼벵이를 머리에 이고 산 셈입니다. 지금은 생태 공원이나 조성된 한옥 마을에서 간간히 초가집을 볼 뿐 옛이야기가 되었습니다. 한 번은 생태 공원의 원두막 지붕을 벗겨 쌓아 놓은 썩은 볏짚단을 들춰 봤더니 글쎄 이게 웬일인가요? 수십 마리, 아니 백 마리도 넘는 굼벵이들이 이리 꿈틀 저리 꿈틀거리며 볏짚 사이로 숨느라 정신이 없습니

1.꽃무지류 애벌레 2.흰점박이꽃무지 번데기
3.흰점박이꽃무지

다. 아기 엄지손가락만 한(2센티미터 정도) 굼벵이들이 한꺼번에 꿈틀거리니 호떡집에 불난 건 저리 가라입니다.

굼벵이! 아마 굼벵이를 모르는 사람은 없을 것입니다. 밭을 갈 때, 호미로 땅을 팔 때면 어김없이 나오는 하얀 굼벵이를 한 번쯤 봤을 테니 말입니다. 굼벵이는 풍뎅이 식구들의 모든 애벌레를 일컫는 말입니다. 풍뎅이 집안에는 식구들이 참 많아 풍뎅이, 꽃무지, 소똥풍뎅이, 소똥구리, 사슴벌레, 장수풍뎅이 등등이 있습니다. 굼벵이는 몸을 곧게 펴지 못하고 늘 구부정하게 옆으로 누워 삽니다. 몸매가 C자 모양이라 한시도 땅에 등을 대고 잘 수가 없는 팔자지요. 게다가 몸매까지 뚱뚱하고 오동통하고 두루뭉술해 이름 그대로 굼뜨게 생겼습니다. 하지만 피부는 완전 우윳빛인 데다 탱탱해 피부미인 뺨칩니다.

그런데 굼뜰 것 같은 굼벵이가 빨리 기어가는 것을 보면 '굼뜨다'란 말이 무색할 정도입니다. 그것도 묘기를 부리면서 기어가는 걸 보면 우스꽝스럽기까지 합니다. 녀석은 급하면 맨땅 위에 누워서 등으로 기어가는 재주를 부리니 말입니다. 마침 볏짚단 속으로 들어가는 녀석을 건드렸더니 놀라 발 버둥치며 몸을 훌러덩 뒤집습니다. 그러고선 웅크렸던 C자 몸을 쭈욱 펴고선 다리는 하늘을 향하고 버둥거리면서 등을 땅에 대고 기어가기 시작합니다. 아, 등으로 기어가다니! 누워서도 엄청 빨리 기어가는 모습이 신기하기만 합니다. 어떻게 멀쩡한 다리는 놔두고 등으로 기어 다닐까요? 등에 깔린 무수히 많은 뻣뻣한 털들을 이용해 기어갑니다. 마치 아기들이 방바닥에 등을 대고 누워 등을 쭉쭉 밀고 다니는 것처럼 녀석도 털을 움직여 기어갑니다. 미국에 사는 어떤 굼벵이는 1분에 무려 61~63센티미터나 기어갈 수 있다니 놀라 입이 떡 벌어집니다.

이런 재주를 가진 굼벵이는 몸도 튼실해 영양가가 높습니다. 몸 자체가 영양 덩어리인 셈이지요. 굼벵이 몸에 포함된 영양분을 조사해 보니 단백질이 무려 58퍼센트나 차지하고 지방은 고작 17퍼센트밖에 안 됩니다. 말 그대로 고단백 저지방 식품이니 다이어트에 최고입니다. 〈동의보감〉에선 굼벵이를 '제조'라고 불렀는데, 굼벵이가 간에 좋다 해서 민간에서는 약으로 이용해 왔습니다. 지금도 경동시장에 가면 가끔 팔려고 커다란 그릇에 내놓은 굼벵이들을 만날 수 있습니다.

하지만 여전히 많은 나라에서 굼벵이는 약용이나 주전부리용이 아니라 배고픔을 달래는 음식입니다. 현재 아시아, 아프리카, 중남미 등 90여 개 나라에서 먹는 곤충을 꼽아 보니 무려 1,400종이나 됩니다. 특히 UN 조사에 따르면 중앙아프리카에서는 조사에 참여한 사람들의 85퍼센트, 콩고민주공화국에서는 70퍼센트, 보츠와나에서는 91퍼센트가 어른 곤충과 애벌레를 주요 먹을거리로 이용하고 있답니다. 또한 식용으로 이용하고 있는 곤충의 종 수는 아프리카에서는 250여 종, 중국에서는 170여 종 그리고 라오스, 미얀마, 태국, 베트남에서는 164종에 이르는 것으로 알려졌습니다. 그 곤충 가운데에는 굼벵이나 밀웜 같은 딱정벌레가 대부분을 차지하고 있다니 곤충이 인류의 구원 식량이란 생각이 또 듭니다. 실제로 인도차이나의 라오스 사람들의 95퍼센트가 곤충을 먹습니다. 어린이의 40퍼센트 정도가 영양실조에 걸려 있는 이 나라에서 곤충은 산타보다 더 반가운 구세주일지도 모릅니다. 그래서 유엔 기구와 라오스 정부는 함께 곤충을 기르고 요리해 먹을 수 있도록 적극적으로 지원을 아끼지 않고 있습니다.

언젠가 서울시 공무원이 자문을 해 온 적이 있습니다. 굼벵이를 어떻게 하면 많이 키울 수 있냐고 묻기에 건물 옆구리에 짚더미를 차곡차곡 쌓아 두면 흰점박이꽃무지가 알아서 날아와 알을 낳을 거라고 했지요. 왜 그리 기특한 생각을 했냐고 물었더니 그분 왈 "시장님께서 노는 땅에다 농사를 지어 거기서 수확한 농산물을 판 이익금으로 어려운 이웃을 돕자고 하시는데, 그 뜻이 좋은 것 같아 동참하려구요." 곰곰이 생각해 보니 그리 나쁘지 않은 생각입니다. 굼벵이가 구르는 재주가 있다는 옛말이 있지요. 요즘은 구르는 재주만 있는 게 아니라 한술 더 떠 돈 버는 재주도 있다는 얘기까지 나옵니다.

현재 우리나라에서 식용과 약용의 소재로 법적으로 인정받은 곤충은 메뚜기와 누에번데기뿐입니다. 농촌진흥청에서도 2011년부터 갈색거저리, 흰점박이꽃무지, 귀뚜라미 및 장수풍뎅이 4종에 대해 새로운 식품원료 인정을 위해 연구를 수행하고 있습니다. 이렇게 정부 차원에서 식품과 의약품의 소재로 활용할 굼벵이에 대한 관심이 높아지면서 농촌의 새로운 고부가 가치 생물자원으로 떠오르고 있습니다. 머지않아 곤충이 우리를 먹여 살리고 건강을 책임질 날이 올 것 같습니다. 아마도 그땐 곤충을 업고 살지도 모를 일입니다.

5. 거저리 쿠키
거저리

얼마 전 경기도 농업기술원이 주최한 국제 심포지엄에서 곤충 요리 시식회가 열렸습니다. 여러 곤충들을 다양한 방법으로 요리한 '곤충 요리'를 먹어 봤는데, 생각보다 괜찮았습니다. 뭐랄까? 느끼한 맛이 가신 담백한 맛이랄까? 메뚜기는 바삭바삭하고, 밀웜(meal worm, 거저리 애벌레) 역시 바삭바삭하고 고소한 게 새우깡 맛이 나고, 기름기 많은 귀뚜라미는 뒷맛이 진해 고기를 좋아하는 사람들의 입맛에 딱 좋을 것 같습니다. 이쯤이면 우리 밥상에 사마귀 튀김이 오를 날이 멀지 않은 것 같습니다.

가까운 나라 일본 도쿄에서도 '곤충 요리 시식회'가 매달 열립니다. 시식회에선 번데기 카레, 매미 칠리소스 무침, 말벌 유충 요리, 곤충 막대사탕 등이 선보이는데, 얼마나 인기가 많은지 예약하기 힘들 정도라 합니다. 또한 영국의 한 인터넷 상점은 곤충으로 만든 요리로 호황을 누립니다. 캄보디아에서도 타란툴라를 요리해 파는데, 수익금의 25퍼센트는 서식지 보호에 쓴다는 설명이 붙어 있어 눈길을 끕니다.

'곤충 튀김', '곤충 막대사탕', '곤충 영양갱' 우리에겐 아직은 낯설고 뭔지 모르게 꺼림칙한 간식거리입니다. 하지만 앞으로 인간의 생명을 책임질 미래의 식량 자원 앞에서 꼭 그리 징그러워할 것만은 아닌 것 같습니다.

오늘도 연구실 책상에 앉자마자 플라스틱 통을 톡톡 치며 벌레와 인사를 합니다. 녀석도 반갑다고 몸을 꿈틀거리며 인사를 합니다. 웬 벌레와 인사를 하냐고요? 몇 달

1.우묵거저리류 애벌레 2.갈색거저리 3.대왕거저리

전에 데려와 키우고 있는 '밀웜'입니다. 아마 집에서 도마뱀이나 새 같은 애완동물을 키우시는 분들은 '거저리'는 몰라도 밀웜 하면 얼른 알아듣습니다. 밀웜은 실험실의 쥐, 동물원의 원숭이나 고슴도치, 그리고 애완용 동물한텐 영양가 높은 최고의 밥이거든요. 그 밀웜이 바로 거저리의 애벌레입니다. 거저리 가운데 이름도 생소한 갈색거저리는 정말이지 순둥이입니다. 매일 밥도 주지 않고 물도 주지 않는데도 배고파 보채지도 비실대지도 않습니다. 더구나 입맛까지 소탈해 푸석푸석하고 까끌까끌한 밀기울만 줘도 맛

있게 먹습니다. 한 달에 한 번 정도 녀석의 방을 청소하고 밀기울 밥상만 듬뿍 차려 주면 혼자 스스로 잘 크니 손이 많이 가지 않습니다. 물론 밀기울에 들어 있는 아주 적은 수분이면 족하니 따로 물을 안 줘도 됩니다. 이쯤이면 키우고 돌보는 게 아니라 방치 수준인데, 별 탈 없이 무럭무럭 잘 크니 얼마나 대견한지 모릅니다. 사람 같으면 물도 없이 거친 밀기울만 먹으면 단 며칠도 못 견딜 텐데 말이지요.

평생 곡물만 먹고 사는 갈색거저리는 그다지 예쁘지 않습니다. 몸색깔은 거무튀튀하고 몸매도 긴 직사각형에다 두루뭉술해 굉장히 수수합니다. 오죽하면 영어로 '어두운 딱정벌레'란 뜻인 다클링 비틀darkling beetle이라고 불렀을까요? 하지만 외모는 못생겼어도 번식력 하나는 끝내줍니다. 암컷은 3개월 동안 살면서 많게는 200개의 알을 낳으니 말이지요. 사람으로 치면 한 사람이 3달에 아기 200명을 낳는 거나 마찬가지니 입이 떡 벌어집니다. 그뿐이 아닙니다. 자라는 것도 속성이라 적당한 온도(25도)와 습도만 잘 유지해 주면 알에서 어른이 되기까지는 2달 정도밖에 안 걸립니다. 이쯤이면 '곤충계의 다산왕'입니다.

원래 갈색거저리의 고향은 머나먼 유럽 땅. 처음엔 유럽에서 야생으로 살았는데, 거기는 온도가 낮은 편이라 일 년에 한 번 한 살이가 돌아가니 번식력이 그리 높은 것은 아니었습니다. 점차 나라끼리 거래하는 무역 곡물을 따라 세계 곳곳으로 퍼져 나가 살다가 지금은 따뜻한 건물 안에까지 들어와 엄청나게 번식하게 된 것이지요.

곡물을 먹고 사는 어른 갈색거저리는 엄살쟁이입니다. 건드리기만 해도 얼른 발라당 누워 가짜로 죽어 버리니까요. 한번 기절하면 깨우려 아무리 흔들어도 절대로 깨어나질 않습니다. 그저 일정 시간이 지나야 혼수상태에서 깨어납니다. 한술 더 떠서 녀석은 방귀쟁이입니다. 털끝 하나만 건드려도 냄새 폭탄을 터뜨리며 시큼한 식초 냄새를 풍깁니다. 거저리 만진 손가락을 코에 들이대면 모두들 '아이고 이게 무슨 냄새야?' 하며 기겁을 할 정도입니다. 폭탄 성능은 폭탄먼지벌레보다 좀 떨어지지만 밀기울 속에서 여러 마리가 한꺼번에 뀌어 대면 고약한 냄새가 진동해 어떤 때는 멀미가 날 지경입니다. 이렇게 녀석은 '기절'하거나 방귀를 뀌어 대면서 힘센 포식자를 따돌립니다. 물론 이런 행동은 아무때나 하는 것이 아니라 자신의 목숨이 위태로울 때 본능적으로 작동하는 방어 전략입니다.

그런데 어른 갈색거저리는 사람한테 아무런 쓸모가 없습니다. 사람에게 큰 이익을 가져다주는 것은 어른벌레가 아니라 애벌레입니다. 애벌레들은 밀기울 같은 곡물 속에서 수십 마리, 아니 수백 마리가 모여 같이 사는데, 수십 마리가 한꺼번에 꼬물꼬물 대는 걸 처음 보면 좀 징그러워 온몸이 스멀거리기까지 합니다. 하지만 애벌레를 하나하나 뜯어보면 훤칠한 게 굉장히 잘생겼습니다. 얼굴은 순하게 생겼고 몸매는 가느다래 늘씬하고 피부는 참기름을 발라 놓은 것처럼 반질반질 윤이 납니다. 특히 몸이 철사처럼 기다랗고 가늘어서 녀석에겐 '가짜 철사벌레 false wireworm'란 별명이 붙었습니다.

이렇게 잘생긴 갈색거저리 애벌레는 영양가도 굉장히 높습니다. 실제로 녀석의 몸에 들어있는 단백질 함량은 몸속의 전체 영양분 가운데 무려 46.44퍼센트나 차지합니다. 단백질 사료를 만드는 원료인 대두박에 들어 있는 단백질 양이 콩 전체 영양분 중 45.13퍼센트라 하니 영양가 면에서는 갈색거저리가 단백질의 대명사인 콩에 절대로 뒤지지 않습니다. 단백질뿐만 아니라 녀석의 몸엔 지방, 비타민, 섬유질과 미네랄도 많이 들어 있는데, 특히 오메가3 지방산은 소나 돼지보다 더 많이 가지고 있고 등 푸른 물고기에 견줄 만큼 질이 좋습니다. 게다가 갈색거저리를 키우는 데 비용이 적게 들어갑니다. 좋은 예로 우리 식탁에 오르는 소고기 1킬로그램을 만드는 데 필요한 곡물의 양은 약 10킬로그램입니다. 이에 비해 갈색거저리 1킬로그램을 만드는 데 들어가는 먹이는 1킬로그램만 있어도 충분합니다. 더구나 '갈색거저리 곤충 농사'를 짓는 데는 농작물을 키우는 농사처럼 농약이 필요 없습니다. 진정한 친환경 산업인 셈이지요.

현재 유럽의 네덜란드와 미국 같은 나라에서는 식용 곤충 산업을 공적 차원에서 지원하고 있습니다. 먹이 부족, 물 부족, 이산화탄소와 메탄가스의 대량 배출로 인해 점점 힘든 환경이 되어 가고 있는 지금 곤충이 소고기나 돼지고기에 버금가는 단백질을 지니고 있다는 사실에 대해 많은 사람들이 관심을 갖는 시대가 된 것이지요.

우리나라에서도 먹을거리 곤충에 대한 관심이 높아지다 보니 요즘 갈색거저리의 몸값도 점점 올라가고 있습니다. 메뚜기 못지않게 영양분이 듬뿍 담겨 있는 갈색거저리가 메뚜기, 누에 번데기에 이어 식용 곤충 대열에 끼었기 때문이지요. 식약청에서 갈색거저리를 정식으로 식용화 등록 신청을 했다니 거저리 쿠키, 거저리 케이크, 거저리 아이스크림이 나올 날이 멀지 않았습니다.

사정이 이렇다 보니 상전벽해란 말이 떠오릅니다. 갈색거저리도 과거에는 사람들의 식량인 곡물을 먹는 해충으로 취급받아 퇴치 대상이었지만 요즘은 창고 관리 기술이 좋아지면서 녀석들이 곡물에 얼씬도 못합니다. 되레 다른 곤충과 양서류, 파충류, 조류와 포유류 등 다른 동물의 밥이 되는 경제적 사료뿐 아니라 미래 인류의 대체 식량 후보로 낙점되었으니 말입니다. 정말이지 갈색거저리는 떠오르는 미래 농업의 '블루오션'입니다. 내팽개치듯 방치해도 잘 자라지요, 밀기울만 먹어도 잘 자라지요, 한 살이도 빨리빨리 돌아가지요, 새끼도 많이 낳지요, 저 혼자 자라니 육아비도 적게 들지요, 다른 동물들의 특별 영양밥이 되어 주지요. 어디 하나 빠지는 데 없는 훌륭한 경제 곤충입니다.

국립중앙도서관 출판시도서목록(CIP)

곤충들의 수다 / 지은이 : 정부희 - 서울 : 상상의숲, 2015
p. ; cm
ISBN 979-11-85756-01-1 03490 : ₩15,000

곤충강[昆蟲綱]
495.2-KDC6
595.7-DDC23   CIP2015018687